2
Immer in Kontakt
Meerschweinchen verstehen lernen

- 42 Wie Meerschweinchen ticken
- 43 Stressforscher im Einsatz
- 43 Stress-Check
- 44 Die Gesetze des Rudels
- 45 Lernen in der Gruppe
- 46 Wie Meerschweinchen sprechen
- 46 Das Verhalten sagt alles
- 47 Kleiner Meerschweinchen-Dolmetscher
- 48 Auf den Ton kommt es an
- 48 Unterhaltung mit uns
- 49 Der Duftsprache auf der Spur
- 51 Meerschweinchen-Versteher-Test
- 52 So wird der Einzug zum positiven Erlebnis
- 54 Eltern-Tipp: Empfangskomitee
- 54 Vertrauen braucht Zeit
- 56 Auf Entdeckertour: Gruppenverhalten
- 58 Wenn Probleme auftauchen
- 59 Zusatzwissen: Meeri-Verleih
- 60 Eltern-Tipp: Auf der Jagd

3
Bequem und gut leben
So wollen kleine Schweinchen wohnen

- 64 Ein sicherer Schlafplatz
- 67 Ausstattungs-Basics
- 68 Auf einen Blick: Beschäftigung gegen Langeweile
- 70 Abenteuerspielplatz Gehege
- 71 Gefahren-Check
- 72 Balkonien – Urlaubsland für kleine Nager
- 74 Auf Entdeckertour: In der Sommerfrische
- 76 Und ab ins grüne Paradies …
- 78 Im Garten wohnen
- 80 Ein sauberes Heim

4
Lecker und nahrhaft
Das schmeckt den kleinen Nagern

84 Meerschweinchen sind Vegetarier
85 Wie die Nahrung verarbeitet wird
86 Heu, Heu und nochmals Heu
87 Den Energietank mit Nährstoffen füllen
90 Auf einen Blick: Leckerbissen, die gesund und fit halten
92 Saftig und knackig ist Trumpf
95 Zusatzwissen: Futterumstellung
96 Auf Entdeckertour: Beim Futtern
98 Fertigfutter, Leckereien und etwas zum Knabbern
98 Eltern-Tipp: Kräuter trocknen
99 Futtertabelle
100 Was für die Ernährung noch wichtig ist
101 Tipps für kleine Dickerchen

5
Gesund und gepflegt
Worauf Sie achten müssen

104 Proppere Schweinchen fühlen sich sauwohl
105 Test: Geht es Ihren Meeris gut?
107 Zusatzwissen: Fellwechsel
108 Wichtige Pflege-Handgriffe
110 Kleines ABC der Krankheiten
111 Krankheits-Check
114 Patient Meerschweinchen
118 Meerschweinchen-Senioren
119 Eltern-Tipp: Umgang mit dem Tod
119 Wenn der Tod kommt
120 Auf einen Blick: Eine gut sortierte Hausapotheke

6
Immer in Aktion
Damit es nie langweilig wird

124	Aufgaben für arbeitslose Meerschweinchen
124	Beschäftigung »versüßt« den grauen Alltag
125	Lernen nur mit Belohnung
127	Wie intelligent sind die kleinen Schweinchen?
127	Wie Meeris lernen
128	Trainings-Check
128	Intelligenz ist relativ
128	Meister des Labyrinths
130	**Auf einen Blick: Spielzeug, das fordert und fördert**
132	Wer futtern will, muss arbeiten
132	Sich regen bringt Segen
134	Aus Liebe zum Tier: Kreative Bastelideen
134	Ganz einfach
135	Anspruchsvolle Basteleien
136	**Auf Entdeckertour: Lernen mit Spaßeffekt**

Zum Nachschlagen

138	Register
141	Adressen und Literatur
144	Die Fotografin
144	Impressum

DIE GU-QUALITÄTS-GARANTIE

Wir möchten Ihnen mit den Informationen und Anregungen in diesem Buch das Leben erleichtern und Sie inspirieren, Neues auszuprobieren. Bei jedem unserer Produkte achten wir auf Aktualität und stellen höchste Ansprüche an Inhalt, Optik und Ausstattung. Alle Informationen werden von unseren Autoren und unserer Fachredaktion sorgfältig ausgewählt und mehrfach geprüft. Deshalb bieten wir Ihnen eine 100%ige Qualitätsgarantie.

Darauf können Sie sich verlassen:
Wir legen Wert auf artgerechte Tierhaltung und stellen das Wohl des Tieres an erste Stelle. Wir garantieren, dass:
- alle Anleitungen und Tipps von Experten in der Praxis geprüft und
- durch klar verständliche Texte und Illustrationen einfach umsetzbar sind.

Wir möchten für Sie immer besser werden:
Sollten wir mit diesem Buch Ihre Erwartungen nicht erfüllen, lassen Sie es uns bitte wissen! Nehmen Sie einfach Kontakt zu unserem Leserservice auf. Sie erhalten von uns kostenlos einen Ratgeber zum gleichen oder ähnlichen Thema. Die Kontaktdaten unseres Leserservice finden Sie am Ende dieses Buches.

GRÄFE UND UNZER VERLAG
Der erste Ratgeberverlag – seit 1722.

QUICKSTART INS GLÜCK

Was ist für Meerschweinchen besonders wichtig? Passen andere Heimtiere zu ihnen? Wie teuer ist die Haltung der kleinen Nager? Welche Handgriffe sollten Sie im Umgang mit den Meeris beherrschen? All das und noch mehr beantworten Ihnen die folgenden Seiten im schnellen Überblick.

QUICKSTART

Meerschweinchen-Infos im Überblick

5 Dinge, die ein Meerschweinchen unbedingt braucht:
1. Artgenossen
2. Heu und Knabberkost
3. Frisches Trinkwasser
4. Ein Häuschen zum Verstecken
5. Ein sauberes, abwechslungsreich strukturiertes Gehege

Steckbrief
Kopf-Rumpf-Länge: 22 bis 33 Zentimeter
Körpergewicht: 800 bis 1500 Gramm
Körpertemperatur: 38,5 °C
Lebenserwartung: Im Durchschnitt 6 bis 8 Jahre, selten bis zu 15 Jahre
Fressgewohnheiten: Sie sind reine Pflanzenfresser.
▶ Seite 82–101

Zähne, die ständig wachsen
Sowohl Ober- wie Unterkiefer haben zwei Schneidezähne, zwei Vorbacken- und sechs Backenzähne. Die Backenzähne wachsen ständig – pro Woche 1,2 bis 1,5 mm. Damit die Zähne nicht zu lang wachsen, sich Abszesse bilden und das Tier schließlich nicht mehr fressen kann, braucht das Meerschweinchen Knabberkost wie Zweige und hartes Brot. So nutzen sich die Zähne auf natürliche Weise ab. Zu lange Zähne muss der Tierarzt kürzen. ▶ Seite 94

Eltern-TIPP

Ein Tier für Kinder?
Meerschweinchen sind tagaktiv, beißen nicht, werden zahm und lassen sich streicheln. Sie möchten jedoch nicht den ganzen Tag herumgetragen, grob angefasst oder laut angesprochen werden. Leiten Sie Ihr Kind entsprechend an. In die Hände von Kleinkindern gehören Meerschweinchen jedoch nicht.
▶ Seite 19

QUICKSTART

Dos

1. Nähern Sie sich ruhig, sprechen Sie leise und »verführen« Sie die Tiere mit Leckerbissen.
2. Ihre leise Stimme und das Geplapper der Rudelmitglieder beruhigen Meerschweinchen.
3. Die Tiere erkunden gern ihre Umgebung im Familienverband. Besonderes Interesse finden Steine, Hölzer, Futterkugeln, Höhlen und Gänge im Wohnungs- oder Freigehege.
4. Beschäftigen Sie sich mit Ihren Tieren. Locken Sie sie zum Beispiel mit einem Leckerbissen über ein Hindernis.
5. Ein sauberes Gehege und frische Einstreu sorgen für ein Wohlfühl-Ambiente.

Don'ts

1. Schnelle Bewegungen über dem Käfig lösen bei Meerschweinchen angeborenermaßen Angst aus. Denn was sich von oben nähert, kann ein gefährlicher Greifvogel sein.
2. Keine fremden Meeris in das Gehege Ihrer Tiere setzen. Das verursacht Stress mit Streitereien und Kämpfen.
3. Vermeiden Sie lautes Türenknallen, extrem laute Musik, schrille Töne und Geschrei in der Nähe der Meerschweinchen.
4. Die Tiere halten auch tagsüber gern einmal ein Schläfchen. Stören Sie sie während dieser Ruhephase nicht.
5. Setzen Sie Ihre Meerschweinchen niemals praller Sonne und grellem Licht aus.

Gemeinsam Neues erkunden nimmt die Angst und fördert die Neugierde.

Partner sind lebenswichtig

Der Mensch kann einem Meerschweinchen nicht den Artgenossen ersetzen, denn die Tiere sind nicht in der Lage, eine solch tiefe Bindung zum Menschen aufzubauen wie etwa ein Hund oder andere Tiere. Ohne Ansprechpartner ist das Leben jedoch einsam und langweilig. Gemeinsam mit Artgenossen wird die Umgebung erkundet, finden Unterhaltungen statt, und auch Stress wird besser bewältigt, wie wissenschaftliche Untersuchungen deutlich belegen. Artgenossen sorgen also in jeder Hinsicht für eine bessere Lebensqualität. ▶ **Seite 44**

Kaninchen und Meerschweinchen
Über den Stress, den Meerschweinchen empfinden, wenn sie mit Kaninchen zusammenleben, gibt es inzwischen wissenschaftliche Untersuchungen. Diese beiden Tierarten würden niemals freiwillig eine Gemeinschaft eingehen, denn sie sind zu verschieden. Meerschweinchen sind zum Beispiel besonders tagsüber aktiv, Zwergkaninchen eher in den Abend- und frühen Morgenstunden. Sie sprechen verschiedene Sprachen. Manche Kaninchenrammler und dominante Häsinnen versuchen ein Meerschweinchen ständig zu »berammeln«, zu jagen oder zu beißen.

Andere Heimtiere
Katzen und große Papageien mit ihren starken Schnäbeln können Meerschweinchen beim Zusammentreffen gefährlich werden. Heimtiere wie etwa Hamster, Chinchillas, Degus, Mäuse, Ratten, Streifenhörnchen oder Schildkröten sollten grundsätzlich in eigenen Käfigen beziehungsweise Gehegen gehalten werden.

Hund und Meerschweinchen
Hunde, die keinen ausgeprägten Jagdtrieb haben, können dazu erzogen werden, die Meerschweinchen als unantastbares Familienmitglied zu akzeptieren. Dennoch ist es in jedem Fall ratsam, auch einen gut erzogenen Hund stets nur unter Ihrer Aufsicht mit den Meerschweinchen zusammenkommen zu lassen.

Welche Kosten fallen an?

Darüber sollte man sich vor der Anschaffung der Meerschweinchen klar werden.

1. Anschaffungspreis der Tiere
2. Käfig, Auslaufgehege in der Wohnung, Freigehege
3. Nahrung (Heu, Trockenfutter, Grün- und Saftfutter, Knabberkost, Leckerli)
4. Käfigeinstreu
5. Käfigausstattung (Häuschen, Näpfe, Heuraufe und Wasserspender)
6. Gehegeausstattung (Beschäftigungsmöglichkeiten)
7. Tierarztkosten (im Krankheitsfall)
8. Urlaubsbetreuung (Meerschweinchensitter)

Richtpreise

Anschaffungspreis: Der Preis für ein Tier liegt zwischen 19 und 35 € – je nach Rasse.
Unterkunft: Käfig für 2 Tiere mit mindestens 120 x 80 cm Grundfläche ab 80 €; mobiles Freigehege für Wohnung und/oder draußen ab 50 €; Kosten für feste Freigehege je nach Anlage
Nahrung: für 2 Tiere etwa 25 bis 30 € pro Monat
Einstreu: für 2 Meerschweinchen etwa 9 bis 11 € pro Monat
Käfigausstattung: ab 20 €
Gehegeausstattung: wie etwa Korkröhren, Heutunnel, Brücken und Weidenbälle, ab 30 €
Tierarztkosten: je nach Diagnose;
Transportbox: etwa 15 €
Urlaubsbetreuung: Professionelle Sitter verlangen 2 bis 4 € pro Tag.

Ausstattung und Beschäftigung

Von einfach bis luxuriös: Der Zoofachhandel bietet alles, was das Meerschweinchenherz begehrt. Achten Sie beim Kauf auf eine gute Verarbeitung, Naturmaterialien wie etwa Holz, Kork, Sisal oder Weidengeflecht und ungiftige Farben. Geschickte Hobbyhandwerker können auch selbst sehr viel für ihre Meeris basteln, wie etwa Treppen, Tunnel, Brücken oder Wippen. Aus Ton lassen sich Näpfe, Röhren und zweckmäßige Häuschen modellieren. ▶ **Seite 68 und 130**

Häuschen und Beschäftigungsgegenstände aus Holz werden auch für die Zahnpflege genutzt.

Haltungsvoraussetzungen

1. Keiner in der Familie leidet an einer Tierhaar-Allergie.
2. Sie sind bereit, mindestens zwei Meerschweinchen ein Zuhause zu geben.
3. Es ist kein Problem, die Haltungskosten für zwei Meeries – etwa 50 € monatlich – aufzubringen.
4. Bei guter Pflege werden die Tiere im Durchschnitt zwischen 6 und 8 Jahre alt, einige noch älter. Übernehmen Sie solange die Verantwortung?
5. Meerschweinchen brauchen Bewegung. Täglich Freilauf im Zimmer ist Pflicht.
6. Tierhaltung kostet Zeit. Eine Stunde täglich sollten Sie für die Versorgung und die Pflege der Meeries einplanen.

Eltern-TIPP

Interesse wachhalten

Oft lässt das Interesse der Kinder an den Tieren schon bald nach deren Anschaffung zu wünschen übrig. Doch wie bleiben die Nager interessant? Erzählen Sie etwas vom Wesen eines Meerschweinchens, was typisch für das Tier ist und wie es in der Natur lebt. Entwickeln Sie gemeinsam mit Ihrem Kind »Umgangsregeln«, z. B. »Momo und Mimi nie beim Fressen stören« oder »Jeden Tag frisches Heu ist Pflicht«. Beobachten Sie die Meerschweinchen zusammen mit Ihrem Kind. Was treiben die Tiere? Wann sind sie besonders aktiv, wann ruhen sie?

Auf Reisen zu gehen, bedeutet für Meerschweinchen Stress pur.

Urlaubszeit – Reisezeit?

Meerschweinchen fühlen sich in ihrer gewohnten Umgebung am wohlsten. Fremdes Terrain, unbekannte Geräusche und Gerüche versetzen sie in Angst und Schrecken. Sorgen Sie also rechtzeitig für eine zuverlässige Betreuung während Ihrer Abwesenheit. Weisen Sie den Pfleger oder die Pflegerin vorher genau ein. Keinesfalls darf die Meerschweinchengruppe getrennt werden bzw. Ihre Gruppe zu einem fremden Rudel gesellt werden. Es kann sonst zu blutigen Streitereien kommen! ▶ **Seite 50**

Ihre vertraute Umgebung ist für Meerschweinchen besonders wichtig!

QUICKSTART

Nimm zwei
Mindestens ein Artgenosse ist Pflicht für die Meerschweinchen-Haltung. Ein Pärchen verträgt sich gut, wobei jedoch das Männchen kastriert werden muss, um zahlreichen Nachwuchs zu verhindern. Auch ein Männchen und zwei Weibchen kommen gut miteinander aus – vorausgesetzt, sie haben genügend Platz zur Verfügung. Eine größere Gruppe besteht am besten aus der gleichen Anzahl Weibchen und Männchen. Hier leben in der Regel ranghohe und rangniedere Tiere friedlich miteinander, weil jeder im Rudel seinen Platz hat und die Spielregeln kennt. ▶ Seite 50

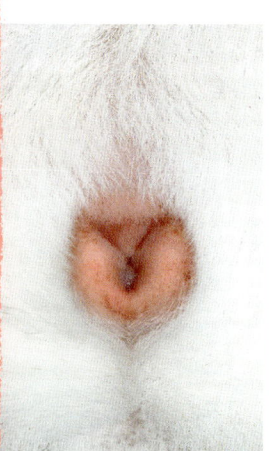 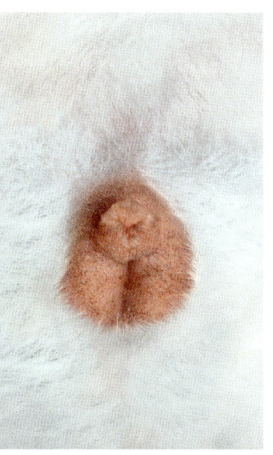

Geschlechtsbestimmung
Männchen und Weibchen sind leicht zu unterscheiden. Drücken Sie dem Tier in der Analregion vorsichtig auf den Bauch. Beim Männchen tritt dann deutlich der Penis hervor, wie Sie auf dem rechten Foto sehen. Links im Foto ist die y-förmige Vagina des Weibchens gut zu erkennen.

WICHTIG

Nachwuchs vermeiden
Weibchen werden bereits zwischen 3 und 5 Wochen, Männchen zwischen der 6. und 10. Woche geschlechtsreif. Um Nachwuchs und Inzucht zu vermeiden, sollte das Männchen kastriert werden. Bei weiblichen Tieren ist die Kastration, also die Entfernung der Eierstöcke, komplizierter. Männchen können bereits vor Eintritt der Geschlechtsreife, mit etwa vier Wochen, vom Tierarzt frühkastriert werden. Jedoch ist eine Kastration des Männchens in jedem Alter möglich.
▶ Seite 118

Gesundheits-Check

1. Die Nagezähne sind gleich lang und gut gewachsen.
2. Die Backenzähne haben keine sichtbaren Fehlstellungen.
3. Die Fußstellung ist korrekt, die Krallen sind gerade.
4. Das Fell ist glänzend, anliegend und frei von kahlen Stellen. Das Fellkleid langhaariger Tiere zeigt keine Verfilzungen.
5. Die Augen sind klar und nicht verklebt.
6. Die Ohren sind sauber, ohne Belag und nicht verkrustet.
7. Die Nase ist rosig, trocken und frei von Ausfluss.
8. Der After ist sauber und nicht verklebt. Das Tier zeigt keine Spuren von Durchfall.
9. Die Haut ist frei von Narben und Schorf.

> **Eltern-TIPP**
>
> **Tierheim-Meerschweinchen**
> Die meisten Tierheime haben Meerschweinchen abzugeben und suchen einen guten Platz für die kleinen Nager. Es lohnt sich also, sich dort einmal umzusehen. Ein kleiner Test mindert das Risiko, verhaltensgestörte Tiere zu bekommen. Sind die Meerschweinchen zahm und reagieren auf kleine Leckerbissen, die Sie ihnen anbieten, handelt es sich in der Regel um gesunde Tiere. Optimal ist es, wenn das Tierheim eine intakte Gruppe von zwei bis drei Meerschweinchen abgibt. Diese Tiere kennen sich und kommen gut miteinander aus.

Herkunft und Alter beim Kauf

Es gibt mehrere Möglichkeiten, woher Sie Meerschweinchen bekommen: beim Züchter, aus Privathand, im Zoofachhandel und im Tierheim. Machen Sie sich in jedem Fall stets selbst ein Bild von den Haltungsbedingungen. Tiere, die schlecht untergebracht sind, stehen nicht selten unter Schock und bleiben lange Zeit scheu. Anfänger in der Meerschweinchenhaltung sollten sich für 6 bis 8 Wochen alte Jungtiere entscheiden. Sie lassen sich leicht zähmen. Versuchen Sie, zwei oder drei Tiere aus einem Wurf zu bekommen. ▶ **Seite 45**

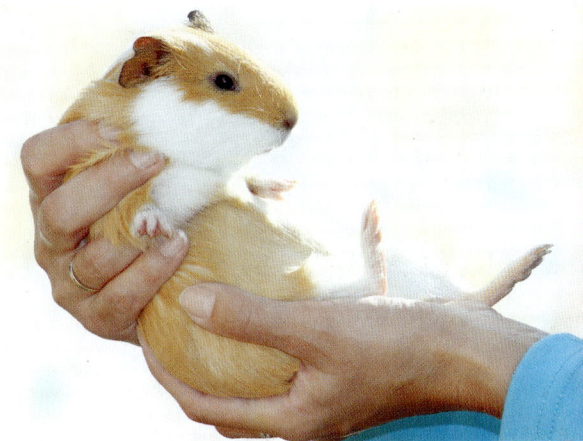

Ein sicherer Handgriff, um den Gesundheitszustand des Tieres zu prüfen.

QUICKSTART

Transport nach Hause

Der Wechsel in eine neue Umgebung ist für die sensiblen Meeris nicht leicht. Bringen Sie also die Tiere auf dem kürzesten Weg nach Hause.
Transportbox: In einer Box aus Kunststoff transportieren Sie die kleinen Gesellen sicher und bequem. Hier können sie ein paar Schritte machen, und sie bekommen genügend Luft. Die Box kann später auch für eventuelle Tierarztbesuche oder kurze Reisen genutzt werden.
Im Auto: Stellen Sie die Transportbox nicht in den Kofferraum, sondern befestigen Sie sie mit einem Sicherheitsgurt im Fahrraum. Sprechen Sie leise und beruhigend zu den Tieren.

Ankunft daheim

Im Meerschweinchen-Zuhause stehen zunächst nur Häuschen, Futternapf und Wassertränke. Heben Sie die Tiere vorsichtig aus der Transportbox und setzen Sie sie in ihre Unterkunft.
Genuss ohne Reue: Verwöhnen Sie die Neuankömmlinge mit einer Handvoll Karottenschnitzel, die Sie auf den Gehegeboden streuen.
Ruhestunden: Lassen Sie die Meeris ihre neue Umgebung in aller Ruhe erkunden. Nehmen Sie sie nicht auf den Arm und versuchen Sie auch nicht, die Tiere zu streicheln. Sobald die Meerschweinchen anfangen zu fressen und zu trinken, ist die erste Hürde der Eingewöhnung genommen.
▶ Seite 52–55

Eine Handvoll Streu aus dem alten Zuhause in der Transportbox vermittelt Geborgenheit.

Vertrauter Geruch

Meerschweinchen haben einen ausgesprochen guten Geruchssinn. Wenn Sie die Tiere zu sich nach Hause holen, geben Sie eine Handvoll Einstreu aus ihrem alten Zuhause in die Transportbox. Der vertraute Stallgeruch vermittelt den Tieren ein Gefühl von Geborgenheit. Im neuen Zuhause sollten Sie die Käfig-Einstreu in den ersten Tagen der Eingwöhnung nicht auswechseln. Warten Sie noch mit den Reinigungsarbeiten, bis die kleinen Nager mit Ihnen und der neuen Umgebung bereits einigermaßen vertraut sind.
▶ Seite 52–55

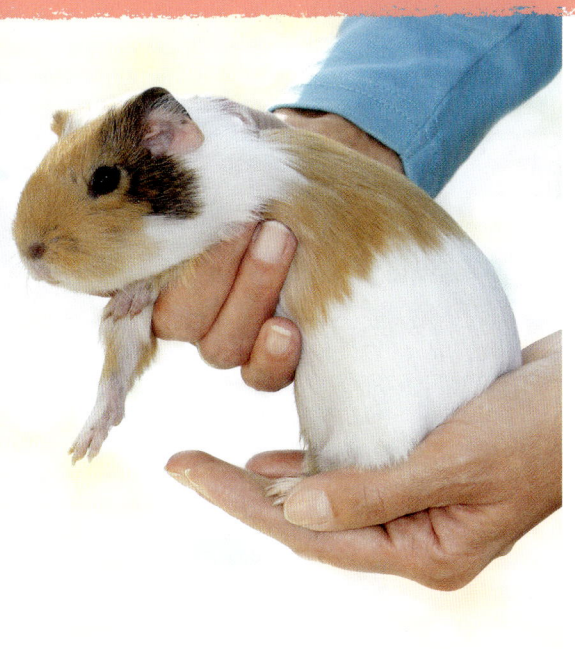

Hochheben

Meerschweinchen sind Fluchttiere. Also liegt es auf der Hand, dass sie sich nicht gern ständig hochnehmen und herumtragen lassen. Außerdem beginnen die Tiere zu zappeln, wenn sie ungeschickt angefasst werden, können abstürzen und sich dabei schwer verletzen. Umfassen Sie beim Hochnehmen mit einer Hand die Brust des Tieres, mit der anderen stützen Sie sein Hinterteil. Vermeiden Sie dabei schnelle Bewegungen, denn alles, was sich über ihm abspielt, versetzt ein Meerschweinchen in Angst. Schließlich könnte es auch ein gefährlicher Greifvogel sein.

In die Transportbox setzen

Auch hierbei umfasst eine Hand die Brust, die andere stützt das Hinterteil. Anschließend setzen Sie das Meerschweinchen sanft auf den Boden der Box. Vermeiden Sie unbedingt hektische Bewegungen. Zum Knabbern und Durststillen während des Transports eignen sich übrigens gut ein Stück Gurke oder eine kleine Möhre.

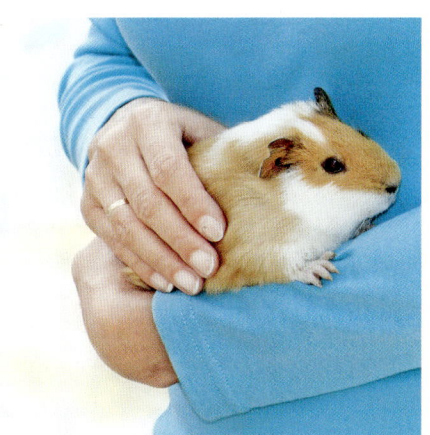

Tragen

Zum Tragen setzen Sie das Meerschweinchen auf Ihren angewinkelten Unterarm, der fest am Oberkörper anliegt. So kann das Tier nicht durchrutschen. Legen Sie die freie Hand sanft auf den Rücken des Meeris, um es vor dem Herunterfallen zu schützen oder am Herunterspringen zu hindern.

1

PFIFFIGE
KLEINE
GESELLEN

Wer Meerschweinchen ein glückliches Leben bereiten möchte, der muss sie gut kennen. Welche Lebensräume bewohnen sie in der Natur? Wie sprechen sie? Was können sie? Auf welche Nahrung sind sie spezialisiert? Die Antworten auf diese Fragen bilden die Grundlage für eine artgerechte Haltung.

PFIFFIGE KLEINE GESELLEN

Vom Wildtier zum Heimtier

3000 Jahre alte Knochenfunde belegen, dass bereits die Inkas Meerschweinchen hielten und züchteten. Sie dienten als Nahrung, Opfertiere, und man nutzte sie zum Erkennen und Behandeln von Krankheiten.

Forscher der Universitäten Münster, Bielefeld, Bochum und São Paulo sind ihnen auf der Spur – den scheuen, flinken, unscheinbar grau-braunen Wildmeerschweinchen (*Cavia aperea*).
Doch warum erweisen sich gerade Meerschweinchen als so wichtig für die Wissenschaft? Professor Norbert Sachser, der führende Wissenschaftler auf diesem Gebiet, erklärt das folgendermaßen: »Meerschweinchen sind ein Modellorganismus für die Analyse sozialer Strukturen und Prozesse.« Anhand der Lebensweise der kleinen Nager lassen sich allgemeingültige Gesetzmäßigkeiten ableiten, wie etwa die Entstehung und Auswirkung von Stress im Organismus. Diese Erkenntnisse gelten bis zu einem gewissen Grad auch für den Menschen.

WO MEERSCHWEINCHEN ZU HAUSE SIND

Wildmeerschweinchen leben in den gemäßigten Regionen Mittel- und Südamerikas, von Kolumbien bis nach Chile und Argentinien. Sie bewohnen Andenregionen bis in 5000 m Höhe. Nur im tropischen Tiefland und in den ältesten Andenregionen kommen sie nicht vor. In ihren vorwiegend kargen Lebensräumen ist der Überlebenskampf hart. Sie trotzen Wärme und Kälte. Als Wohngebiet bevorzugen sie strauchreiches Gelände, denn hier finden die Tiere Nahrung und Schutz

Eltern-TIPP

Besuch im Zoo
Um Wildmeerschweinchen zu sehen, muss man nicht nach Südamerika reisen. Viele Zoos und Tierparks halten die zierlichen, grau-braunen Nager. Im Streichelzoo dürfen Kinder dann auf Tuchfühlung mit Hausmeerschweinchen gehen. Erklären Sie Ihrem Kind, wie Wildmeerschweinchen zu Hausmeerschweinchen wurden und wie sich ihr Aussehen durch die Zucht verändert hat.

Wo Meerschweinchen zu Hause sind

Meerschweinchen erkennen die Mitglieder ihrer Sippe mithilfe ihres ausgeprägten Geruchssinns. Mit der Nase wird auch festgestellt, welches Geschlecht der Artgenosse hat.

zugleich. Wildmeerschweinchen leben in Kolonien von 20 bis 40 Tieren. Auf kleinen Trampelpfaden huschen sie bei der Suche nach Nahrung von Unterschlupf zu Unterschlupf. Ihre Behausungen sind Felsspalten und Erdhöhlen, die von anderen Tieren verlassen wurden. Wildmeerschweinchen benötigen nur kleine Reviere und bilden sogenannte Harems aus – feste Strukturen mit einem Männchen, einigen Weibchen und Jungtieren. Das Männchen verteidigt seine Weibchen bis hin zum blutigen Kampf. Die Nahrung der Wildmeerschweinchen besteht vorwiegend aus harten Gräsern und Kräutern, aber auch Pflanzenrinden, Blätter, Blüten, Früchte, Kakteen und andere Pflanzenstoffe gehören zu ihrem Speiseplan. Bei Gefahr warnen sich die Familienmitglieder durch ein »Tschirpen« oder Singen, wie man es

Wildmeerschweinchen sind kleiner als Hausmeerschweinchen und haben ein unscheinbares graues Fell.

auch nennt, weil diese Laute an den Warnruf von Vögeln erinnern. Dann flüchten die Tiere in ihren Unterschlupf, oder sie verfallen in eine Schreckstarre.
Im Unterschied zu Hausmeerschweinchen, die bis zu 1,5 kg schwer sind, wiegen Wildmeerschweinchen nur in etwa die Hälfte. Auch in ihren Verhaltensweisen unterscheiden sie sich. Wildmeerschweinchen sind dämmerungsaktiv. Am häufigsten sieht man sie bei Sonnenaufgang und Sonnenuntergang. Sie sind aggressiver, aufmerksamer, risikobereiter Gefahren gegenüber, entdeckungsfreudiger und scheuer als Hausmeerschweinchen. Die Haustiervariante ist tagaktiv, die Männchen balzen häufiger, und die sozialen Kontakte im Rudel sind intensiver. Wenn junge Wildmeerschweinchen-Männchen geschlechtsreif sind, werden sie gnadenlos von den Vätern vertrieben. Dabei kommt es gar zu heftigen Bissattacken. Weibchen hingegen bleiben im Rudel, und die jungen Weibchen ordnen sich in der Hierarchie unter. Bei den Hausmeerschweinchen dagegen wird der männliche Nachwuchs nicht vertrieben. Die jungen Männchen erobern sich im Laufe ihres Lebens einen Rang im Rudel.

VON KLEINEN UND GROSSEN MEERSCHWEINCHEN

Das Outfit des Wildmeerschweinchens hat sich durch die Domestikation in den letzten 3000 bis 6000 Jahren gewaltig verändert. Seit der Mensch sie nach seinen Bedürfnissen züchtete, wurde aus dem zierlichen grau-braunen Nobody der Wildnis ein schwergewichtiger, bunt gescheckter, liebenswürdiger Nager. Doch nicht nur Körperbau und Fellfarben haben sich durch gezielte Zucht verändert, sondern auch Felllänge und Fellstruktur.
In Südamerika werden Meerschweinchen als Nutztiere gehalten, denn ihr Fleisch gilt als zart und wohlschmeckend. Kein Wunder also, dass aus besonders großen Meerschweinchen Riesenmeerschweinchen gezüchtet wurden. Dabei entstand das sogenannte »**Cuy**«, mit einem Gewicht von 2 bis 3 kg und einer Körperlänge von etwa 35 cm. Als Heimtiere bleiben Cuys sehr scheu und brauchen viel Platz. Noch

Von kleinen und großen Meerschweinchen

größer wird das aus Peru stammende »**Cobayos**« (*el cubayo* = spanisch: das Meerschweinchen), das bis zu 4 kg wiegt und eine Körperlänge von bis zu 50 cm erreicht. Der Appetit auf Meerschweinchen hat in den südamerikanischen Ländern bis heute nicht nachgelassen. Schätzungsweise 65 Millionen Meerschweinchen verputzen allein die Peruaner Jahr für Jahr, wovon allerdings nur ein Bruchteil Cuys oder Cobayos sind.

Auf jedem Viehmarkt werden Hausmeerschweinchen aus dem Sack gezogen und angepriesen. Die Bauern halten sie in Gruben in ihren Häusern. Am liebsten in der Nähe des Herdes. Das ist jedoch keine Romantik, sondern Alltag auf dem Lande, denn so hat auch die arme Bevölkerung stets günstiges Frischfleisch zur Verfügung. Um aber den riesigen Bedarf an Meerschweinchenfleisch zu decken, braucht man andere Haltungssysteme. Die kleinen Kerlchen werden deshalb in ihren Heimatländern auf großen Farmen gezüchtet – ähnlich unseren Hühnern und Schweinen.

Karriere als Heimtier

Anders als in ihren Heimatländern wurden Meerschweinchen in Europa nie als Nahrung genutzt. Hier sind die friedlichen Nager die Lieblinge der Kinder. Im 16. Jahrhundert brachten spanische und holländische Seefahrer einige der zutraulichen drolligen Kerlchen mit nach Europa. Sie wurden zunächst teuer an reiche Geschäftsleute und Adelige als exotische Spielgefährten für deren Kinder verkauft. Von da an begann die Karriere des Meerschweinchens als Heimtier. Meerschweinchen zu züchten, ist einfach, denn sie vermehren sich rasch und ohne große Probleme. Das ist das Erbe ihrer wilden Vorfahren. Wildmeerschweinchen gehören zu den häufigsten Nagern Südamerikas. Kinder, Kinder und nochmals Kinder, heißt ihre einfache, aber erfolgreiche Überlebensstrategie.

Dank seiner Vermehrungsfreudigkeit wurde das Meerschweinchen in Europa rasch ein beliebtes und erschwingliches Haustier für jedermann. Bis heute gehört es zu den gefragtesten Heimtieren.

ZUSATZWISSEN

So groß wie ein Büffel
Im Jahr 2000 fand Marcelo Sanchez Villagra in Venezuela das Skelett eines riesigen Nagetieres, das als Vorfahre unserer heutigen Meerschweinchen gilt. Mit 3 m Länge, 1,3 m Höhe und 700 kg Gewicht war es das größte lebende Nagetier aller Zeiten. Es lebte vor rund 8 Millionen Jahren. Sein wissenschaftlicher Name: *Phoberomys pattersoni*. Und warum überlebte das Riesenmeerschwein nicht? Aufgrund seiner Nageranatomie war es offenbar sehr langsam. Nach Meinung von Wissenschaftlern wurde es deshalb bei der ausgedehnten Futtersuche das Opfer von Raubtieren.

Von Geburt an fit fürs Leben

Meerschweinchen vermehren sich leicht. Und genau hier steht der Halter in der Verantwortung. Durch Inzucht kann es zu Totgeburten oder Missbildungen kommen. Und dann die Frage: Wohin mit all den Tieren?

Die erste Voraussetzung für gesunden Nachwuchs sind **gesunde Elterntiere**. Wie bei allen Lebewesen gibt es auch bei Meerschweinchen Erkrankungen, die im Erbgut, in ihren Genen, verankert sind und sich weitervererben. Also ist es wichtig, dass kein Elternteil beispielsweise Missbildungen aufweist – wie etwa eine Zahnfehlstellung – oder an den Pfoten sechs statt fünf Zehen besitzt. Besondere Vorsicht ist bei der Zucht von Schimmel- und Dalmatinermeerschweinchen geboten. Sie tragen einen sogenannten **Letalfaktor** in ihrem Erbgut. Dieses Gen führt zu Missbildungen und tot geborenen Jungen. Um sicher zu sein, dass sie dieses Gen nicht versteckt in sich tragen, hilft nur eine Analyse des Stammbaums, die beweist, dass bei Großeltern, Urgroßeltern usw. keine Missbildungen und gehäufte Sterblichkeit aufgetreten sind.

Die Zuchtreife erreicht das Weibchen mit fünf bis sechs Monaten. Mutter sollte es beim ersten Wurf nicht später als mit acht bis zwölf Monaten werden, sonst besteht die Gefahr des Verwachsens der Beckenknochen. Ein Männchen erreicht mit sechs bis sieben Monaten die Zuchtreife.

PAARUNG OHNE ROMANTIK

Meerschweinchen sind in der Partnerwahl nicht anspruchsvoll. Wenn der Hormoncocktail die richtige Mischung enthält, wird sich fortgepflanzt. Ein Meerschweinchenmann ist kein großer Liebhaber. Zärtlichkeit: Fehlanzeige. Er riecht an der Nase seiner Partnerin, beschnüffelt ihren Kopf, ihre Flanken, den Rücken und die Genitalregion, stößt sie mit der Schnauze in die Seite, läuft im Kreis um sie herum, präsentiert seine Hoden und lässt das charakteristische, tiefe Purren hören.

Rumba nennen die Biologen den Balztanz der Meerschweinchenmänner. Ist das Weibchen in Brunststimmung, darf er es decken, wenn nicht, verpasst es ihm eine »Harndusche«, und er verdrückt sich freiwillig. Vor allem einzeln gehaltene Männchen verhalten sich beim ersten Liebesabenteuer äußerst ungeschickt. Selten dauert eine **Paarung** länger als 15 bis 30 Sekunden. Danach leckt sich das Weibchen die Genitalien. Frühestens nach einer Minute beginnen sie sich erneut zu paaren. Um sicher zu sein, dass nur seine Gene vererbt werden, verschließt das

Meeri-Minis ganz groß

Mama hat nur zwei Zitzen. Doch die Minis können vom ersten Tag an feste Nahrung zu sich nehmen.

Die Meerschweinchengeschwister ruhen und schlafen dicht aneinandergedrängt.

Männchen mit einem Schleimpropf die Vagina des Weibchens, um andere Rivalen an der Fortpflanzung zu hindern. Der Pfropf fällt nach wenigen Stunden ab. Das Weibchen ist nur für wenige Stunden empfängnisbereit. Wird es nicht gedeckt, reifen aber schon nach 16 Tagen die nächsten Eier in seinen Eierstöcken heran, und es ist erneut paarungsbereit. Ist das Weibchen trächtig, erblicken die Kleinen nach 64 bis 72, im Durchschnitt also nach 68 Tagen **Tragzeit** die Welt. Meerschweinchen kommen fast fertig auf die Welt. Sie sind vollständig behaart, besitzen ein fertiges Gebiss und können bereits sehen. Im Vergleich zur Mutter sind Meerschweinchenkinder zwar noch Leichtgewichte, bringen aber immerhin schon 60 bis 80 Gramm auf die Waage und nehmen sicherlich bereits im Mutterleib Umweltreize wahr. Während der **Schwangerschaft** benötigt das Weibchen mindestens 20 mg Vitamin C pro Tag und eine größere Ration Pellets und Frischfutter (→ Seite 89). Schon nach vier Wochen Schwangerschaft kann man die Kleinen vorsichtig ertasten. Mit sieben Wochen spürt man ihre Bewegung.

MEERI-MINIS GANZ GROSS

Wenn der Geburtstermin gekommen ist, sucht sich die werdende Mutter einen ruhigen, geschützten Platz. Die Wehen setzen etwa 20 Minuten vor der Geburt ein. Das Weibchen presst im Hocken und setzt dabei die Hinterbeine in Spreizstellung auf den Boden. Mit dem Kopf voran erblickt das Kleine die Welt. Es wird von der Mutter zwischen Hinter- und Vorderbeinen unter dem Bauch hervorgezogen. Sie befreit es von der Fruchthülle und leckt es sauber. Manchmal hilft auch der Vater bei der Säuberungsaktion. Aber dann wird

> **TIPP**
>
> **Schwangerschaft feststellen**
> Etwa zwei Wochen nach dem Deckakt schwillt der Bauch des Weibchens an. Die Gewichtszunahme macht sich auch auf der Waage bemerkbar. Außerdem schwellen die Zitzen etwa sechs bis sieben Wochen vor der Geburt sichtbar an.

es höchste Zeit, ihn von der Mutter zu trennen, denn schon 1,5 bis 13 Stunden nach der Geburt wird das Weibchen wieder brünstig und kann begattet werden.

Entwicklung im Schnellverfahren

Während der Geburt verhalten sich die Artgenossen in der Nähe mucksmäuschenstill, nur die Neugeborenen stoßen einen leisen hellen Laut aus. Gleich nach der Geburt putzen sich die kleinen Kerlchen wie die »Alten«. Von der Sauberhaltungspflicht der Mutter sind also Meerschweinchen schon einmal befreit.
Gesäugt werden die Jungen bis zum 19. oder 28. Tag. Je nachdem, wie viele Junge geborgen wurden – es können eines oder auch mehr als vier sein –, müssen sie sich die beiden Zitzen im Bereich der Leistengegend der Mutter teilen. Aber bei Meerschweinchen spielt dies keine große Rolle, da sie schon am ersten Tag feste Nahrung aufnehmen. Während zwei Minis an Mutters Brust nuckeln, verzehren die anderen ihr erstes Grün (→ Seite 92). Ganz ideal ist es, wenn andere Mütter des gleichen Rudels zur etwa gleichen Zeit Nachwuchs bekommen. Dann haben die Kleinen freie Zitzenwahl. Ist die Milchbar der Mutter besetzt, versucht man sein Glück nebenan bei der Tante. Das geht natürlich nur, weil Meerschweinchenmütter fremde Kinder saugen lassen, und gilt selbstverständlich nur für Nachwuchs des eigenen Clans. Kinder von Müttern eines anderen Rudels werden verjagt. Selbst dann, wenn man sie mit dem Stallgeruch einreibt. Die Mütter kennen scheinbar die Kinder des Rudels.

Nach etwa 21 bis 30 Tagen versiegt die Milch in den Zitzen der Mutter. Das Junge wiegt jetzt etwa 160 Gramm und ist ab sofort auf sich gestellt.

Von der Geburt bis zum Selbstständigwerden tun Meerschweinchenkinder das, was alle Kinder tun: Sie spielen. Beliebtestes Spiel ist das Hüpfen und Hakenschlagen. Das Jungtier springt entweder in kurzen, übertrieben hohen Sätzen durch den Raum oder sogar senkrecht in die Luft. Die Geschwister untereinander haben einen engen Kontakt und verständigen sich durch Stimmfühlungslaute. Schon mit drei Wochen werden die Weibchen **geschlechtsreif**, obwohl sie erst zwei Monate später ausgewachsen sind. Die Geschlechtsreife des Männchens setzt zwischen der 6. und 10. Woche ein (→ Kastration, Seite 118).

Wann ist der richtige **Abgabezeitpunkt**? Ich gebe meine Tiere erst zwei Wochen, nachdem sie keine Muttermilch mehr trinken, ab. Die Kindheit spielt nämlich im Leben eines Meerschweinchens eine große Rolle. Es braucht Zeit, um die Gruppenregeln zu lernen und seine Rolle innerhalb des Rudels zu finden und zu akzeptieren.

Alles im Blick

Das Tor in eine andere Welt

Zugegeben, es ist nicht gerade einfach, sich in ein Meerschweinchen hineinzuversetzen. Doch inzwischen weiß man einiges über seine Sinnesleistungen und kann im Umgang entsprechend darauf reagieren.

Meerschweinchen nehmen die Welt anders wahr als wir. Ihre Sinnesorgane wie Nase, Auge und Ohren sehen zwar äußerlich ähnlich aus wie unsere, aber die Verarbeitung der Sinneseindrücke in ihren Schaltzentralen im Inneren unterscheidet sich deutlich von der des Menschen. Wer die kleinen Nager verstehen will, muss versuchen, in diese Welt einzutauchen.

ALLES IM BLICK

Die Augen des Meerschweinchens liegen seitlich im Kopf. Diese Augenstellung verrät, dass Meerschweinchen Fluchttiere sind, denn sie eröffnet dem Tier ein großes **Blickfeld** von 340 Grad. Gegenstände oder Feinde können sowohl von der Seite als auch von hinten gesehen werden. Dieser Panoramablick garantiert ihnen das Überleben in der Wildnis. Ohne diese Fähigkeit würden sie leicht zur Beute von Raubtieren. Aber diese Sichtweise hat auch einen Nachteil: **Das räumliche Sehen** ist nicht gut entwickelt. Die kleinen Nager können schlecht Entfernungen abschätzen und wissen oft nicht, wie weit ein anderes Tier oder ein Gegenstand von ihnen entfernt ist. In den südamerikanischen Grassteppen spielt das keine große Rolle, aber im Haus lauern Gefahren. Ihre Lieblinge erkennen Abgründe schlecht oder gar nicht. Darum achten Sie darauf, dass Ihr Meerschweinchen beispielsweise bei Pflegemaßnahmen nicht vom Tisch fällt. Ein schnell rennendes Tier oder einen

Vorwiegend auf der Zunge befinden sich 17 000 Geschmacksknospen.

vorbeifliegenden Vogel nimmt ein Meerschweinchen jedoch im Gegensatz zu uns in Zeitlupentempo wahr. Ihr Auge unterscheidet nämlich 33 Bilder pro Sekunde, während wir es höchstens auf 22 Bilder bringen. Und wie steht es mit dem **Farbensehen**? In Verhaltensversuchen konnten wir zeigen, dass die Tiere zwischen Rot, Grün und Blau unterscheiden können. Das ist die Voraussetzung für das Sehen von Farben. Vermutlich ist ihre Welt ähnlich bunt wie unsere.

KLEINE OHREN, DIE GUT HÖREN

Mit ihren seitlich am Kopf sitzenden Ohrmuscheln nehmen Meerschweinchen Schallwellen wahr, die im Mittelohr in mechanische Schwingungen umgewandelt werden. Ihre Ohrmuscheln sind jedoch kaum beweglich. Sie sind also keine Spezialisten im Richtungshören wie etwa Kaninchen. Aber dennoch ist der **Hörsinn** wichtig für die kleinen Gesellen, denn Töne sind ein unverzichtbares Kommunikationsmittel. Mit ihren Lauten teilen sie ihren Artgenossen mit, wie sie sich fühlen und was sie wollen. Gurrend und plappernd halten sie ständig Kontakt. Männchen und Weibchen erkennen sich an ihren Lauten, und das zärtliche Quieken der Damen stimmt Raufbolde friedlicher. Wie gut hören Meerschweinchen im Vergleich zu uns Menschen? Wenn wir jung sind, hören wir Töne im Bereich von 20 bis 20 000 Hertz, Meerschweinchen dagegen von 125 bis 33 000 Hertz. Bei den hohen Tönen mit hoher Frequenz sind sie uns deutlich überlegen, nicht aber bei den tiefen Tönen. Tiefe Töne kann man auch in großer Entfernung noch wahrnehmen. Das ist im Leben von Meerschweinchen jedoch nicht wichtig. Aber nicht jeder Ton im Klangspektrum wird gleich gut gehört. Am empfindlichsten reagieren wir auf Tonfrequenzen von 2000 Hertz, bei den anderen Frequenzen müssen wir die Lautstärke hochfahren, damit wir sie gleich gut hören. Bei Meerschweinchen liegt die größte Empfindlichkeit zwischen

---

ZUSATZWISSEN

Das Jacobsonsche Organ
Das röhrenförmige Geruchsorgan liegt im Oberkiefer und verbindet Nasen- mit Mundhöhle. Mithilfe dieses Organs, das auch Witterungsorgan genannt wird, kann das Meerschweinchen riechen und gleichzeitig schmecken. Dabei inhaliert das Tier Geruchsmoleküle aus der Luft, drückt die Zunge an das Jacobsonsche Organ und hält den Atem an. Das Gehirn analysiert währenddessen die chemische Zusammensetzung des Geruchs. Auf diese Weise kann das Meerschweinchen sogenannte Pheromone, etwa Duftmarkierungen, präzise wahrnehmen und einschätzen.

Alles Geschmackssache

Direkt nach seiner Geburt sind die Sinne des Meerschweinchens voll entwickelt.

So weiß man sofort, wer zu seinem Familienclan gehört und wer nicht.

500 und 8000 Hertz. **Lärm** flößt ihnen Angst ein. Sie bleiben wie angewurzelt auf der Stelle stehen, aber in ihrem Innern tobt ein Stoffwechselgewitter. Das Herz beginnt zu rasen, und Stresshormone werden ausgestoßen. Vermeiden Sie deshalb plötzlich auftretenden Lärm.

DIE NASE IMMER IM WIND

Experten schätzen, dass die menschliche Nase mehr als 10 000 verschiedene Gerüche unterscheiden kann. Ob Meerschweinchen uns darin überlegen oder unterlegen sind, ist bisher noch nicht erforscht. Allerdings sind sie in der Lage, **Duftstoffe** in 10 000-mal niedrigerer Konzentration als der Mensch wahrzunehmen. Wie wichtig der Geruch für ein Meerschweinchen ist, haben wir bei unseren Versuchen zum Farbensehen erlebt. Roch die Experimentierbox nicht nach dem Familienclan, saßen die Tiere verängstigt in der Ecke. Gab man aber Einstreu vom Familiengehege in die Box, untersuchten die Tiere sie und waren bereit zu lernen. An welchen Merkmalen ein Meerschweinchen seinen menschlichen Betreuer erkennt, weiß man meines Wissens noch nicht genau. Sicher aber ist, dass der Geruch eine wesentliche Rolle spielt. Daher sollten Ihre Hände nicht nach Putzmittel oder Parfüm riechen, wenn Sie sich dem Meerschweinchen nähern.

ALLES GESCHMACKSSACHE

Was schmeckt ein Meerschweinchen, wenn es genüsslich auf den Gräsern, Möhren oder Gurken herumkaut? Vermutlich ist sein Geschmacksempfinden differenzierter als unseres, denn Pflanzenfresser haben mehr Geschmacksknospen als reine Fleischfresser oder Menschen.

PFIFFIGE KLEINE GESELLEN

Auf Entdeckertour: Träume und Sinne

Dem Traum auf der Spur
Meeris sind tagaktiv, legen aber auch Ruhepausen ein, dösen und beginnen zu schlafen. Wie viele Minuten ein Tier schläft, ist sehr individuell. Während des Schlafens zuckt es manchmal mit den Beinen. Das ist oft ein Zeichen dafür, dass das Tier träumt. Ich bin überzeugt, dass Meerschweinchen träumen, denn sie können einfache Denkaufgaben lösen. Wer denkt, der träumt. Denken und Träumen sind Geschwister. Beobachten Sie, wie lange Ihre Tiere ruhen und ob sie sich während des Schlafens bewegen.

Farbensehen testen
Die kleinen Nager können die Farben Rot, Grün und Blau unterscheiden. Sie nehmen vermutlich die Welt ähnlich bunt wahr wie wir Menschen. Machen Sie einen kleinen Test: Nehmen Sie einen roten und einen grünen Napf. Bieten Sie den Tieren ihr Futter drei Tage hintereinander nur im roten Napf an. Wie lange dauert es, bis Ihre Meerschweinchen ausschließlich zur roten Schale rennen, ohne in die grüne zu schauen? Wer ist der Schnellste in ihrem Clan? In unseren Versuchen lernten die Kastraten am schnellsten. Und bei Ihnen?

Auf Entdeckertour

Ein Duft liegt in der Luft
Dieses Tier ist aufmerksam und interessiert. Vielleicht nimmt es mithilfe des Jacobsonschen Organs (→ Seite 30) einen ganz besonderen Duft wahr. Der Duft eines Weibchens verrät ihm zum Beispiel, ob dieses paarungsbereit ist. Beobachten Sie, ob und in welcher Situation Ihre Meerschweinchen ihre Zunge zeigen.

Eltern-TIPP

Vertrauensbeweis
Wie sieht das Meerschweinchen das Kind? Was das Kind sieht, wissen wir – es sieht das Gleiche wie wir. Das Meerschweinchen hingegen hat ein schlechtes räumliches Wahrnehmungsvermögen. Gegenstände in der Nähe sieht es unscharf. Vermutlich sieht es Nase und Augen des Kindes verschwommen. Dennoch hat es Vertrauen zu seinem kindlichen Freund. Der Freund riecht nämlich nach Freund, den das Tier kennt und den es mag.

Geruchsproben
Einerseits erkennt das Meeri die Gestalt einer Maus, andererseits riecht diese nach Ihnen. Was ist da los? Kurz entschlossen wird die Maus genau untersucht. Machen Sie den Test. Geben Sie dem Meeri eine Spielmaus, die Sie mit benutzter Einstreu einreiben, eine weitere, die Sie lange in Ihren Händen gehalten haben, und eine dritte, die Sie nur mit Handschuhen anfassen. Wie verhält sich Ihr Meerschweinchen?

Foto oben: Den wohlschmeckenden Gräsern kann keiner widerstehen.
Foto unten: Nach einer längeren Trennung begrüßen sich Mutter und Kind per Nase.

Geschmackswahrnehmung

Rinder führen die Hitliste mit 25 000 Geschmacksknospen an, Menschen besitzen etwa 10 000, Kaninchen 17 000. Warum ist dies so? Pflanzenfresser müssen die vielen Grassorten und Pflanzen gut von Giftigem und Unreifem unterscheiden können. Das gilt natürlich auch für Meerschweinchen. Wissenschaftler fanden heraus, dass sie leicht gesüßtes Wasser gern tranken, zu süßes aber mieden. Bitteres Wasser tranken sie nicht. Das macht Sinn, denn viele giftige Pflanzen schmecken bitter. Meerschweinchen wählen ganz gezielt ihr Futter. Was schmeckt und bekömmlich ist, lernen die kleinen Nager kurze Zeit nach der Geburt. Sie nehmen wie wir Menschen die Geschmacksqualitäten süß, sauer, salzig und bitter wahr, bevorzugen jedoch kein zu bitteres, salziges und zu süßes Futter.

IM DUNKELN ZURECHTFINDEN

Meerschweinchen sind überwiegend tagaktiv, und dennoch huschen sie schnell durch die spärlich beleuchteten Hütten der Indios. Hier ist es so dunkel, dass man sich kaum darin orientieren kann. Die kleinen Nager haben lange, kräftige **Tasthaare**, die rund um Nase und Maul angeordnet sind. Sie stoßen damit an und bekommen Information des Raums, die sie in ihrem Gedächtnis speichern. Wer die kleinen Racker hält, weiß, wie schnell sie aus dem Gehege ausbüxen können. Mithilfe ihrer Tasthaare erkennen sie blitzschnell, ob das Loch im Zaun groß genug ist. Schneiden Sie die Tasthaare jedoch keinesfalls ab. Sie würden das Tier einer wichtigen Orientierungshilfe berauben.

Die Rassen – Züchtung mit Augenmaß

Wenn Sie sich ein Rassemeerschweinchen anschaffen möchten, lassen Sie sich bitte nicht allein vom Aussehen des Tieres leiten. Nur bei gemäßigten Züchtungen steht das Wohl des Lebewesens im Vordergrund.

Schon die Indios begannen vor Urzeiten mit der Zucht von Meerschweinchen, wie mumifizierte Tierfunde zeigen. Aus dem grau-braunen wilden Meerschweinchen züchteten sie gescheckte, braun-weiße oder schwarz-weiße, größere und schwerere Tiere. Wichtigste **Zuchtkriterien** waren Größe und Fettleibigkeit, denn die Meerschweinchen dienten in erster Linie als Fleischlieferant. Die Farbveränderung war eher ein genetischer Nebeneffekt.

In unserem Kulturkreis dagegen lag das Zuchtziel auf dem Aussehen der Tiere. Heute gibt es schier unendlich viele Farbschläge und verschiedene Felllängen und Haarstrukturen. Sie sind das Produkt einer gezielten Zucht auf bestimmte Merkmale, die dem Menschen gefallen. Es entstand eine Vielzahl von Rassen.

RASSEMEERSCHWEINCHEN

Die Rassemerkmale sind in einem **Standard** festgelegt. Er ist die Grundlage für die Zucht und das Bewertungskriterium bei Ausstellungen. Es gibt einen holländischen, englischen und amerikanischen Standard. Die Unterschiede liegen vor allem in der Behaarung und den Farben der Meerschweinchen. Die deutschen, österreichischen und schweizerischen Preisrichter richten sich nach dem holländischen Standard. Zu den »Schönen« zählt hiernach, wessen Körperbau kurz und kräftig (geblockt) ist und wer eine kräftige Hinterhand hat. Die Beine sollen gerade sein. Das Verhältnis von Kopfgröße und Abstand zwischen den Augen und Ohren muss wohlproportioniert sein. Die Augen sollen rund und klar sein. Die unbehaarten Ohren hängen nach unten. Zum **Schönheitsideal** gehören auch eine runde Schnauze und gut entwickelte Wangen. Weibchen dürfen 700 bis 1200 Gramm wiegen, Männchen 700 bis 1800.

Solange Züchter die biologischen Grenzen einhalten, habe ich keinen Einwand. Werden diese aber überschritten, lassen Sie besser die Finger vom Kauf solcher Tiere. Zum Beispiel Meerschweinchen mit zu runder und zu kurzer Schnauze haben häufig Atem- und Zahnprobleme. Tiere mit zu langen Haaren haben Schwierigkeiten bei der Körperhygiene und der Fortbewegung, weil sie auf ihre eigenen Haare treten.

PFIFFIGE KLEINE GESELLEN

Beliebte Rassen im Porträt

Oben: **Peruaner Schoko-Buff-Weiß**
Unten: **Peruaner Beige-Weiß pink eyes** Peruaner-Meerschweinchen haben langes Fell mit zwei Hinterhandrosetten. Diese werfen das Fell nach vorne, wobei der typische Pony entsteht. Auch die Augen sind von Wirbeln umgeben. Die Kämme, die sich so auf dem Nasenrücken bilden, und ein Stirnwirbel stützen den Pony.

Sheltie Schildpatt-Weiß Sheltie-Meerschweinchen haben ein seidiges, langes Fell am Körper, das nach hinten und zur Seite fällt. Das Kopffell ist kurz. Shelties haben keine Wirbel. Schildpatt-Meerschweinchen sind in ihrer Grundfarbe schwarz-rot, hier mit Weiß. Die Zeichnung dieser Tiere sollte eine gleichmäßige Verteilung mit scharf abgegrenzten und möglichst gleich großen Farbfeldern zeigen.

Beliebte Rassen

Lunkarya Schoko-Gold-Agouti-Weiß Lunkarya-Meerschweinchen haben ein langhaariges, gelocktes, drahtiges Fell. Es gibt sie als Sheltie, Peruaner und Coronet.

Alpaka Cuy Gold-Weiß pink eyes Als Cuys werden die besonders großen Rassen der Hausmeerschweinchen bezeichnet. Alpaka-Meerschweinchen haben, wie die Peruaner-Meerschweinchen, ein langhaariges Fell mit zwei Hinterhandrosetten und Wirbeln um die Augen. Das Haar des Alpaka Cuy ist gelockt. Cuys gibt es inzwischen in vielen Farben und Zeichnungen.

Angora Cuy Gold pink eyes Cuys wurden zuerst in Südamerika gezüchtet, denn hier dienen sie bis heute als Fleischlieferanten. Sie stellen keine eigene Rasse dar. Cuys können bis zu 35 cm lang und 2 bis 3 kg schwer werden, haben aber in der Regel nur eine recht geringe Lebenserwartung von bis zu 3 Jahren. Sie brauchen viel Platz und gelten als scheu und schreckhaft. Die Angora-Form hat lange Haare mit mehreren Wirbeln.

Rosette Lilac-Safran-Weiß pink eyes Rosetten-Meerschweinchen, auch Abyssinian genannt, haben insgesamt 8 Rosetten. Die Rosetten, also die Haarwirbel, sind folgendermaßen verteilt: vier Körperrosetten, zwei Hinterhand- und zwei Hüftrosetten. Die hier gezeigte Variante hat rote Augen, sogenannte pink eyes.

PFIFFIGE KLEINE GESELLEN

Dalmatiner Schoko Die Fleckenzeichnung ist auf dem weißen Körper verteilt. Der schwarze Kopf hat eine weiße Blesse.

Rex Creme-Agouti Rex-Meerschweinchen haben ein gekräuseltes Fell mit drahtigem Haar. Die etwa 3,5 cm langen Haare stehen – wie gesträubt – vom Körper ab.

Links: **US-Teddy Satin-Rot**
Rechts: **US-Teddy Creme**
US-Teddys sehen fast aus wie Rexe. Ihr Fell ist jedoch etwas dichter und kürzer und das Bauchfell relativ glatt. Man unterscheidet kurzhaarige US-Teddys mit drahtigem Fell und etwas langhaarigere mit plüschigem Fell.

CH-Teddy Rot-Schwarz-Weiß Das Fellkleid des Schweizer Teddy-Meerschweinchens ist dicht, steht vom Körper ab, und die Haare sind leicht gekräuselt. Die Felllänge beträgt etwa 6 cm, und das Fellkleid ist damit mittellang. Wirbel sind laut Rassestandard nicht erlaubt. Eine Krone ist zwar nicht erwünscht, wird aber toleriert.

Beliebte Rassen 1

American Crested Creme Charakteristisch für American Cresteds ist ihr weißer Wirbel auf der Stirn. Sie werden deshalb auch als »Schopfmeerschweinchen« bezeichnet.

English Crested Schoko Bei den English Cresteds ist der Wirbel auf der Stirn nicht weiß, sondern besitzt die Farbe des restlichen Fells. Sowohl American als auch English Cresteds haben ein glattes, kurzes Fell. Dieses schokofarbene Meerschweinchen hat dunkle Augen mit einem dunkelroten Schimmer.

Glatthaar Schwarz-Weiß-Agouti Glatthaar-Meerschweinchen zeichnen sich, wir ihr Name schon sagt, durch ein glattes Fell über den gesamten Körper aus. Das Fell liegt eng am Körper des Tieres an und hat eine Haarlänge von etwa 3 cm. Das Fell des Schwarz-Weiß-Agoutis hat eine silberne Deckfarbe mit gleichmäßig schwarzem Ticking. Die Augen schimmern bei Lichteinfall dunkelrot, zeigen also sogenannte Feueraugen.

Glatthaar Himalaya-Schoko pink eyes Als Himalaya-Meerschweinchen bezeichnet man Tiere mit einer bestimmten Zeichnungsart. Sie sind weiß und haben eine Maske in Schoko oder Schwarz, dazu rote Augen. Außerdem sind die Ohren und Füße in der Farbe der Maske gefärbt. »Himmis«, wie sie auch kurz genannt werden, gibt es bei allen Meerschweinchen-Rassen.

2

IMMER IN KONTAKT

Meerschweinchen sind echte Sensibelchen. Deshalb ist es wichtig, ihr Wesen zu kennen und ihre Körper- und Lautsprache richtg zu deuten. Erst dann können Sie intensiv auf die kleinen Nager eingehen und einen artgerechten Umgang mit ihnen pflegen – die Basis für eine enge Mensch-Tier-Beziehung.

IMMER IN KONTAKT

Wie Meerschweinchen ticken

Meerschweinchen sind robust und durch nichts zu erschüttern, denken viele Menschen. Das ist falsch. Einzelhaltung, enge Käfige oder ständiges Herumtragen setzen die Tiere unter Stress, der krank macht.

Mehrere Versteckmöglichkeiten sind Pflicht im Meerschweinchen-Gehege.

Hausmeerschweinchen kratzen und beißen nicht. Dieses friedliche Verhalten dem Menschen gegenüber hat sie zu einem der beliebtesten Heimtiere gemacht. Ihre wilden Verwandten dagegen beißen durchaus, wenn sie unsanft angefasst werden. Aber auch sie sind keine wehrhaften Tiere. In der Natur werden sie leicht zur Beute von Greifvögeln und kleinen Raubtieren. Verteidigung gehört also nicht zur **Überlebensstrategie** des Meerschweinchens. Und dennoch sind sie Südamerikas häufigste Nager. Worin besteht also ihr Erfolgsrezept? Meerschweinchen vermehren sich reichlich und können auf diese Weise viele Verluste ausgleichen. Und: Sie verhalten sich sehr vorsichtig. Bei geringsten Störungen sind sie hellwach und sofort bereit zu fliehen. Der ganze Körper ist in Bruchteilen von Sekunden in Alarmbereitschaft. Stresshormone strömen durch ihr Blut und sorgen dafür, dass das Herz schnell und kräftig schlägt. Sie sind »**Flucht-Spezialisten**«. Es klingt paradox, aber im Kampf ums Überleben ist der Stress ihre beste Waffe. Bei der geringsten Gefahr huschen sie die Graspfade entlang und suchen Schutz in einem ihrer Verstecke. Was sich in der Natur auszahlt, kann fürs Heimtier zur Gefahrenquelle werden. In jedem Haushalt entstehen immer wieder unvorhergesehene Geräusche, unangenehme Gerüche und Situationen, die den kleinen Nagern Angst machen. Daher meine Bitte: Zähmen Sie Ihre Meerschweinchen und bauen Sie ein Vertrauensverhältnis zu ihnen auf. So haben Sie die Möglichkeit, die Tiere vorsichtig an Unbekanntes zu gewöhnen. Je mehr ein Tier lernt, umso besser wird es mit Ungewohntem fertig. Das ist lebenswichtig, denn zu viel Stress schadet unseren Hausmeerschweinchen.

STRESSFORSCHER IM EINSATZ

Ihren Artgenossen gegenüber sind Meerschweinchen nicht gerade zimperlich. Hier wird gebissen und bis aufs Blut gekämpft. Wenn ein Meerschweinchenmann seinen Rivalen mit Zähneklappern bedroht, erkennen wir, dass er aggressiv ist. Wir wissen aber nicht genau, wie aggressiv er ist oder wie stressig er die Situation empfindet. Dazu ist es nötig, die innere Welt der pummeligen Nager zu betreten. Die Verhaltensbiologen Norbert Sachser und Sylvia Kaiser und ihr Team fanden einen Zugang. Der Weg führte über die Hormone. Viele Verhaltensweisen des Menschen und der Tiere werden durch einen erhöhten oder niedrigen Hormonpegel beeinflusst. Es gibt Glücks- und Stresshormone, die unsere Gefühlszustände steuern. Meerschweinchen sind die Paradetiere der Stressforschung, weil sie leicht in Stress geraten, wenn die Umgebung oder der Partner nicht stimmt. In einer Stresssituation ist zum Beispiel die Menge des Corti-

STRESS-CHECK

Mit diesen Verhaltensregeln vermeiden Sie Stress für Ihre Meerschweinchen.

☐ Nehmen Sie das Tier nie unvermittelt hoch, sondern bereiten Sie es durch eine leise Ansprache vor.

☐ Streicheln Sie es nicht gegen die Fellwuchsrichtung und nicht mit »spitzen« Fingern.

☐ Nähern Sie sich ihm stets von vorne, nicht von oben, von hinten oder von der Seite.

☐ Packen Sie das Tier nicht am Nackenfell, um es hochzuheben.

☐ Geben Sie eine Handvoll »alte« Streu in die Transportbox, bevor Sie das Tier hineinsetzen. Das vermittelt ihm Sicherheit.

☐ Ein Hund muss so erzogen werden, dass er die Meeris nicht permanent anbellt, wenn er sich ihrem Gehege nähert.

solhormons im Blut erhöht. Daher nennt man das Cortisol auch Stresshormon. Wissenschaftlich unstritten ist, dass sich Meerschweinchen nur mit einem Partner oder noch besser in der Gruppe wohlfühlen. Das verrät ihr **Cortisolpegel** ganz deutlich. Werden die Tiere etwa aus ihrer vertrauten Umgebung allein in einen spärlich eingerichteten Käfig gesetzt, steigen die Stresshormone an. Zu zweit ist der Anstieg deutlich geringer. Ihr Äußeres

Nur in einer Gruppe mit älteren Tieren lernen junge Meeris die Spielregeln des Rudels.

verrät das nicht, aber in der neuen Umgebung beginnt ihr Herz schneller zu schlagen. Die Aufregung dauert 30 Minuten. Beim Paar schlägt das Herz schon nach drei Minuten normal.

DIE GESETZE DES RUDELS

Unter den Männchen gibt es eine klare Rangordnung und eine feste Partnerschaft zu den Weibchen. Dieses soziale Gefüge verhindert Stress. Kommt ein Neuling in die Gruppe, der die Regeln nicht kennt, ist Kampf angesagt. Der Revierinhaber läuft breitbeinig und ausladend wie ein Revolverheld mit gesträubten Nackenhaaren auf den Eindringling zu und klappert mit den Zähnen, aber nicht aus Furcht, sondern um Stärke zu demonstrieren. Er stellt sich in Positur und fährt imponierend seine Hoden aus. Nun kann es gefährlich werden. Gibt der Eindringling nicht auf, kommt es zu einem blutigen Kampf, der tödlich enden kann, wenn der Käfig zu klein ist und der Unterlegene nicht fliehen kann. Der Unterlegene zieht sich in eine Käfigecke zurück und verhält sich ruhig. Sein Äußeres verrät nicht, dass seine **Stresshormone** auf das Doppelte angestiegen sind. Nicht selten verkümmert er und stirbt ohne äußere Verletzung in wenigen Tagen. Bei genügend Raum erhält der Nebenbuhler ein Minirevier, in dem er sich ungestört aufhalten kann. Das ist aber kein Dauerzustand, sondern Sie müssen ihm eine neue Umgebung schaffen.

LERNEN IN DER GRUPPE

In festen Paarbindungen bekommt der Einzelne, wenn Gefahr von der Gruppe droht, Unterstützung. Das ist der Schlüssel zu einer regen Vermehrung. Bei vielen Tierarten führt eine **Überbevölkerung** dazu, dass sie sich nicht mehr so häufig fortpflanzen und Streitereien beginnen. Nicht so bei Meerschweinchen. Ihre Strategie ist eine andere. Eine Großgruppe spaltet sich in kleine Untergruppen und teilt den Raum untereinander auf. Zwar bilden sich auf dem engen Raum keine streng abgegrenzten Reviere aus, es gibt jedoch bevorzugte Aufenthaltsorte. Interessanterweise gehen die Männchen kaum fremd, obwohl die Versuchung groß ist. Immer wieder begegnen ihnen auf dem engen Raum brünstige Weibchen. Doch sie balzen nur ihre Partnerin an. Die Bindung zwischen den beiden Partnern kann jahrelang halten.

Meerschweinchen haben keine Probleme, die Position des anderen im Rudel zu akzeptieren und zu respektieren. Vorausgesetzt, die jungen Männchen lernen in der Pubertät durch Kräftemessen mit erfahrenen älteren Männchen, wie sie später im Rudel mit der Position als dominantes oder unterlegenes Tier umgehen. So lernen sie die **Spielregeln** des Rudels. Unterlegen muss nicht schlecht sein. Man kann auch mit einer niederen Position zufrieden sein. Nur muss dies gelernt werden. Weder bei Chefs noch Unterlegenen unterscheiden sich die Stresshormone. Erfahrungen mit anderen spielen also bei Meerschweinchen eine große Rolle. Ein schönes Beispiel illustriert dies: Männchen, die in einem gemischtgeschlechtlichen Rudel heranwuchsen und für 20 Tage in eine fremde Gruppe gesetzt wurden, zeigten Erstaunliches. In den ersten Tagen untersuchten sie die Umgebung und kümmerten sich nicht um die Weibchen. So zogen sie nicht den Hass der anderen Männchen auf sich. Sie wurden nicht angegriffen, konnten sich allmählich in die Gruppe integrieren und sogar die Rangleiter nach oben klettern. Einzeln aufgewachsene Meerschweinchen dagegen verloren an Gewicht, und einige von ihnen starben, obwohl sie keine äußeren Verletzungen hatten. Sie waren den häufigen Bedrohungen und Kämpfen nicht gewachsen. Ihre Hormone rebellierten.

Meerschweinchenpaare gehen häufig eine langjährige Beziehung ein.

Wie Meerschweinchen sprechen

Es ist ein gutes Gefühl, seine Tiere zu verstehen. Man erkennt, ob sie sich wohlfühlen, sie krank sind oder sich langweilen. Und auch die kleinen Nager geben sich Mühe, mit uns in Kontakt zu treten.

Meerschweinchen sind friedliche Tiere. Sie beißen und wehren sich nicht wie ihre wilden Verwandten, wenn man sie bedroht oder ihrem Verhalten nicht gerecht wird. Umso größer ist daher die ethische Verpflichtung, die »Sprache«, also die Verhaltensweisen, der Meerschweinchen zu lernen. Denn nur wer das Verhalten eines Tieres kennt, versteht dessen Ansprüche und Reaktionen. Das Wissen erlaubt aufregende Einblicke in die angeborenen Verhaltensweisen und öffnet die Tür in die Gefühls-, Lern- und Denk- welt der munteren Nager. Meerschweinchen besitzen eine ausdrucksstarke Laut- und Körpersprache. Selbst Anfängern in der Meerschweinchen-Haltung fällt es daher relativ leicht, sie zu verstehen.

DAS VERHALTEN SAGT ALLES

So lassen sich die folgenden Verhaltensweisen interpretieren:

- **Drohen:** Ein aggressiv gestimmtes Meerschweinchen sträubt bei schwacher Erregung die Nackenhaare, bei starker auch das ganze Rücken-, Flanken- und Backenfell. Gleichzeitig klappert es vernehmlich mit den Zähnen. Das Männchen präsentiert seine Hoden und umkreist den Gegner. Seine Einschüchterungstaktik unterstützt es mit der Stimme. Es purrt, was wie ein lang gezogenes »br, br, br« klingt.
- **Treteln:** Beim Treteln belastet das Meerschweinchen vermehrt die Vorderbeine und hebt abwechselnd ein Hinterbein hoch. Der Hinterleib schaukelt dabei seitlich hin und her. Je rangniederer und fluchtbereiter das Männchen ist, desto höher hebt es die Füße und umso weiter schwenkt es den Hinterleib. Die Nager treteln, wenn sie den Gegner einschüchtern wollen.
- **Erstarren:** Ängstliche Tiere verharren völlig regungslos, ihre Bewegung ist gleichsam eingefroren. Weibchen und Jungtiere erstarren häufig bei ungewohnten Geräuschen wie etwa einer Sirene oder dem Lärm eines Flugzeugs. Rangniedere Männchen erstarren »in Ehrfurcht«, wenn der Ranghöchste naht.
- **Harnspritzen:** Mit gezielten »Harnduschen« wehrt sich das Weibchen gegen allzu aufdringliche Freier. Dabei hebt es unvermittelt sein Hinterbein so hoch

KLEINER MEERSCHWEINCHEN-DOLMETSCHER

Und hier eine Übersetzung der Meerschweinchen-Sprache in unsere Sprache. So wissen Sie auf Anhieb, was Ihre liebenswerten Nager Ihnen auf ihre Art mitteilen.

DAS MEINT DAS TIER	SO VERHÄLT ES SICH DABEI
»Ich habe Hunger!«	Das Meerschweinchen kommt angerannt und quiekt.
»Mir geht es gut!«	Der Kontakt zu den Artgenossen ist bestens. Sie beriechen sich, gehen gemeinsam auf Entdeckungstour, fressen in der Gruppe und halten ihren Tagesrhythmus ein.
»Ich habe Angst!«	Das Tier schmiegt sich in eine Ecke und an die Artgenossen und verharrt dort einige Zeit. Bei größerer Angst erstarrt das Meeri. Seine Körperhaltung ist angespannt. Die Augen sind weit geöffnet, sodass das Weiße des Augapfels sichtbar wird.
»Das gehört mir!«	Streit um das Futter. Das Meerschweinchen zwängt sich an Artgenossen vorbei, schlägt mit den Hinter- und Vorderbeinen aus, purrt, schnappt und beißt.
»Ich möchte meine Ruhe!«	Das Tier legt seinen Kopf auf die Vorderpfote, und manchmal streckt es auch beide Hinterbeine nach hinten weg.
»Das ist mein Platz!«	Das Tier stößt rasch und zuweilen recht heftig den Kopf gegen einen Artgenossen, um seinen Platz oder Ruheplatz zu behaupten. Dieses Verhalten nennt man Boxen.
»Hier bin ich der Boss!«	Das Männchen sträubt sein Nackenfell, zeigt seine Hoden, purrt seinen Gegner an und umkreist ihn.
»Du kannst mich mal!«	Ein überlegenes Männchen wendet dem Gegner den Kopf und den Vorderkörper frontal zu, bemüht sich aber zugleich, ihm auch seinen Hinterkörper zuzudrehen.
»Ich habe Schmerzen!«	Ein gebissenes oder verletztes Tier flüchtet an einen sicheren Platz, kauert sich dort zusammengekrümmt hin und stößt lang gezogene Schreie aus.
»Gemeinsam sind wir stark!«	Im Gänsemarsch gehen vor allen Dingen Weibchen und Jungtiere, wenn sie offene und ungeschützte Räume betreten oder überqueren müssen.

IMMER IN KONTAKT

Meerschweinchen erkennen sich an individuellen Lauten. Gurrend und plappernd halten sie Kontakt zueinander.

wie möglich und schießt den Harnstrahl fast waagerecht nach hinten ab. Es ist in der Lage, seinen Harn bis zu 30 cm weit zu spritzen.
- **Rumba:** Wie Meerschweinchen ihre Auserwählte umwerben, erinnert tatsächlich ein bisschen an die Tanzschritte der lateinamerikanischen Rumba. Im Zeitlupentempo und Purrlaute ausstoßend, umkreist der Freier seine Dame.
- **Gähnen:** Wer gähnt, ist nicht müde, sondern hat den Kampf verloren und streicht die Waffen. Der Verlierer gähnt den Sieger an und signalisiert ihm damit seine Unterlegenheit.
- **Hüpfen:** Wie Menschenkinder hüpfen Meerschweinchenkinder aus Spielfreude in die Luft. Und wie beim Menschen machen es auch die anderen nach.

AUF DEN TON KOMMT ES AN

Sehr schnell werden Sie wissen, was Ihnen Ihre Meerschweinchen zu sagen haben.
- **Quieken:** Dieser lange, durchdringende Pfeifton verfehlt selten seine Wirkung auf den Menschen. Das Meerschweinchen bettelt um Futter.
- **Quietschen:** Ein lauter, lang gezogener Schrei, den Meerschweinchen ausstoßen, wenn sie entweder Angst oder Schmerzen haben.
- **Fiepen:** Ein hoher, leiser, lang gezogener Verlassenheits- oder Klagelaut der Jungtiere.
- **Purren:** Ein tiefer Laut mit kurzen Trillern der Meerschweinchenmänner beim Drohen und Balzen.

UNTERHALTUNG MIT UNS

Auch Meerschweinchen suchen den Kontakt zum Menschen. Mimik und Körpersprache ist bei Meerschweinchen im Vergleich zu Hund oder Katze jedoch eingeschränkt. Glucksend und gurrend kommen die kleinen Kerlchen angerannt, wenn sie sich wohlfühlen, und lassen sich streicheln. Das ist ein Zeichen der Zufriedenheit und des Vertrauens. Wenn sie hungrig sind, rufen sie nach Futter, indem sie fiepen und quieken. Schnell lernen sie, wie man seinen Halter dressiert ...

Im Dienst der Wissenschaft

Der Duftsprache auf der Spur

Meerschweinchen haben in der Aftergegend zwei Drüsen: das Kaudalorgan und die Perianaldrüse. Ihre Sekrete sorgen für den Gruppenzusammenhalt, für das individuelle Erkennen, die Reviermarkierung und für den Sex.

Der Duft ist ein wichtiges Kommunikationsmittel unter den Meerschweinchen. Daran erkennt ein Meerschweinchen zum Beispiel, wer zu seinem Rudel gehört.

IM DIENST DER WISSENSCHAFT

Zwei Jahre lang untersuchten wir die Wirkung bestimmter **Duftstoffe** auf das Verhalten der Tiere. Wir überklebten den Genitalbereich eines Meerschweinchens mit Pflaster, auf das wir vorher fremden Urin getropft hatten. Das Pflaster beeinträchtigte das Tier in keinster Weise. Das Weibchen wurde nun mit dem Urin eines Männchens aus einem fremden Rudel markiert. Zu diesem Weibchen setzten wir dann ein anderes fremdes Männchen dazu. Das Männchen beschnupperte das Weibchen im Genitalbereich und schreckte sofort zurück. Es begann leicht zu drohen. Und was passierte, als wir dem Weibchen den Urin seines Partners aufträufelten? Das Männchen erkannte seinen eigenen Urin in dieser Situation nicht, schreckte zurück und drohte leicht. Nun stellte sich die Frage: Wirkt der Urin grundsätzlich abstoßend, oder gibt es einen Unterschied zwischen dem Urin von Weibchen und Männchen? Ein Weibchen mit der Duftnote einer anderen »Dame« wirkte auf die Männchen anziehend. Das Männchen lief dem Weibchen sofort hinterher und versuchte es zu besteigen. Wir konnten feststellen, dass männlicher Urin auf Männchen abstoßend wirkt, der

Zwei, die sich gut verstehen. Aber solch eine Leckerei könnte man ja auch teilen ...

Wenn die Mutter nicht in der Nähe ist, fiepen die Jungen nach ihr, und Mama kommt sofort.

Die Jungtiere kuscheln sich dicht aneinander, um sich zu wärmen. Erwachsene Tiere tun das nicht.

von Weibchen dagegen anziehend und aggressionshemmend. Dringt ein fremdes Männchen ins besetzte Revier ein, können die beiden Rivalen bis zum Umfallen kämpfen. Aber nicht das Aussehen, sondern der Geruch macht sie aggressiv. Woher weiß man das? Wir hatten mehrere Gruppen, in denen jeweils ein kastriertes Männchen seit Jahren friedlich lebte. Dieses Männchen rieben wir mit dem Stroh aus einem fremden Käfig ein. Sofort begann der Revierinhaber sein Gruppenmitglied anzupurren und zu bedrohen, als wäre es ein Fremder. Das Rudelleben unserer kleinen Sensibelchen ist spannend, aber nicht einfach. Daher ist es wichtig, wie man die Gruppe zusammensetzt.

Pärchenhaltung: In der Regel verstehen sich die Partner gut. Einziges Problem ist der Nachwuchs.

Weibchengruppe: Mehrere Weibchen können zusammen gehalten werden. Die Aggression in solch einer Gruppe ist etwas höher als in einem Rudel mit einem Männchen und mehreren Weibchen.

Männchengruppe: Zwei Männchen vertragen sich. Sie benötigen aber viel Platz, um sich aus dem Wege zu gehen. In der Pubertät mit etwa 2 bis 3 Monaten kann es zu Rangkämpfen kommen, die aber meist ungefährlich sind. Wird der Kampf der Streithähne zu heftig, dann trennen Sie die beiden kurzzeitig. In der Regel vertragen sie sich dann wieder. Ein älteres Männchen und ein junges machen die wenigsten Probleme. Der Alte dominiert und ist der Boss. Von der Haltung mehrerer Männchen rate ich ab. Die Gefahr, dass sie sich bekämpfen, ist groß.

Gemischte Gruppe: Mehrere Weibchen und mehrere Männchen vertragen sich gut. Weniger zu empfehlen: ein Rudel aus wenigen Männern und vielen Weibchen. Es kann zu blutigen Kämpfen kommen.

MEERSCHWEINCHEN-VERSTEHER-TEST

Wie gut verstehen Sie Ihre Meerschweinchen? Machen Sie den Test, und Sie werden sehen, wie gut es mit der Verständigung klappt.

	JA	NEIN
1. Ihre Meerschweinchen quieken laut, wenn sie Sie sehen. Macht ihnen Ihr Erscheinen Angst?	☐	☐
2. Das Meerschweinchen wird von Ihnen gekrault und gibt dabei Stimmfühlungslaute, ein leises Gurren, von sich. Drückt es damit sein Wohlempfinden aus?	☐	☐
3. Sie beobachten, wie ein Weibchen einen Urinstrahl auf ein Männchen abschießt. Wehrt es sich so gegen einen aufdringlichen Meerschweinchenmann?	☐	☐
4. Das Meerschweinchen gähnt. Ist das Tier müde?	☐	☐
5. Ihre Meerschweinchen stehen alle am Gehegegitter und schauen zu Ihnen hin. Haben sie Hunger und warten auf Futter?	☐	☐
6. Ihre jungen Meeris hüpfen hoch – alle vier Füßchen sind gleichzeitig in der Luft. Ist das ein Zeichen von Lebensfreude?	☐	☐
7. Das Meerschweinchen hat die Augen weit aufgerissen und sitzt völlig unbeweglich da. Schläft es mit offenen Augen?	☐	☐
8. Ein Meerschweinchen umkreist das andere langsam und stößt dabei Laute aus. Will es seinen Partner zum Spielen bewegen?	☐	☐
9. Das Meerschweinchen hebt abwechselnd seine Hinterbeine hoch und schwenkt dabei den Hinterleib hin und her. Ist dies ein Zeichen dafür, dass es Bewegungsmangel hat?	☐	☐

Auflösung:
1. Nein; 2. Ja; 3. Ja; 4. Nein; 5. Ja; 6. Ja; 7. Nein; 8. Nein; 9. Nein

Sie haben alles richtig beantwortet? Herzlichen Glückwunsch, Sie verstehen Ihre Meerschweinchen bereits sehr gut. Wenn Sie Schwierigkeiten bei der Beantwortung der Fragen hatten, müssen Sie die Meerschweinchen-Sprache noch etwas intensiver studieren.

So wird der Einzug zum positiven Erlebnis

Die Trennung vom Rudel, der Transport ins neue Zuhause, fremde Menschen und eine ungewohnte Umgebung. All das muss der kleine Nager erst einmal verkraften. Hier sind Ihre Geduld und Ihr Verständnis gefordert.

Bevor die Meerschweinchen aus der Transportbox in ihr neues Heim einziehen, entfernen Sie alles darin bis auf Häuschen, Futternapf und Nippeltränke. Um die Neulinge zu ermuntern, ihr neues Zuhause zu untersuchen, streuen Sie eine Handvoll Karottenschnitzel auf den Käfigboden. Der Countdown beginnt: Öffnen Sie vorsichtig das Türchen der Box. Nun ist Geduld gefragt. Es vergehen meistens einige Minuten, bis die Tiere das unbekannte Terrain betreten und sich in eine Gehegeecke setzen. Hier hocken die kleinen Kerlchen manchmal bis zu einer Stunde, ohne sich zu rühren. Sie nehmen keinerlei Kontakt zu Ihnen auf. Aus Sicht der kleinen Nager sind wir vermutlich riesige, unberechenbare Ungeheuer. Doch dann wird die Neugier durch die Karottenschnitzel geweckt, und die Tiere beginnen, im Käfig herumzulaufen und zu fressen. Die Angst verfliegt, aber die Vorsicht bleibt. Der Wechsel in eine für die Tiere noch fremde Welt ist ein einschneidendes Ereignis. Darum nähern Sie sich dem tierischen Familienzuwachs mit viel Geduld und Fingerspitzengefühl.

ANFANGSFEHLER VERMEIDEN

Je weniger Fehler Sie bei der Eingewöhnung der Meeris machen, umso schneller wächst ihr Vertrauen zu Ihnen. Vermeiden Sie deshalb Türenschlagen ebenso wie schrille Töne und hektische Bewegungen. Erstaunlich, aber wahr: Auch völlige Stille ängstigt Meerschweinchen. Der Geräuschpegel darf sich also durchaus im Normalbereich bewegen. Schnelle Bewegungen über den Meerschweinchen üben angeborenermaßen Angst aus. Denn was sich von oben nähert, könnte in der Natur ein

> ### TIPP
>
> **Handaufzucht**
> Per Hand aufgezogene Meerschweinchen gelten als besonders zutraulich. Bedenken Sie, dass solche Tiere die Regeln des Rudels nicht kennen. Sie lassen sich deshalb schwer in eine Gruppe integrieren und sind stets auf Ihre Fürsorge angewiesen.

Liebe geht durch den Magen

Auch Meerschweinchen lassen sich durch eine Leckerei verführen. Mit solch einer saftige Möhre vor der Nase vergisst selbst das scheueste Meerschweinchen seine Furcht. Es traut sich, sein sicheres Häuschen zu verlassen, um in den Genuss des Leckerbissens zu kommen. Noch ist die Möhre nicht erreicht.

Genuss ohne Reue

Endlich der erste Möhrenhappen! Das Meerschweinchen beachtet nicht, dass es immer näher an die Hand des Menschen herankommt. Die Versuchung ist groß, das Tier jetzt zu schnappen und es auf den Arm zu nehmen. Das wäre jedoch fatal, denn das ohnehin noch scheue Wesen würde erschrecken, und die ersten zarten Bande des Vertrauens wären dahin. Lassen Sie das Tier in Ruhe futtern, ohne es zu berühren. Diese positive Erfahrung speichert das Meeri in seinem Gehirn.

Die Hand, die Gutes tut

Noch ist die Möhre nicht ganz verspeist. Das einst scheue Pummelchen genießt den Rest des Leckerbissens in vollen Zügen. Inzwischen ist es so nahe an den Menschen herangerückt, dass es seine Pfötchen auf dessen Hand aufstützt. Auch jetzt das Tier noch nicht anfassen. Auf diese Weise lernt es: Die Hand des Menschen bringt mir Gutes. Beim nächsten Mal ist Streicheln erlaubt.

gefährlicher Raubvogel sein. Hunde und andere Heimtiere sind zu Beginn der Eingewöhnungsphase selbstverständlich tabu. Häufiges Ein- und Ausschalten von grellem Licht kann Panikreaktionen auslösen. Solange die Tiere noch scheu und schreckhaft reagieren, sollten sie nicht angefasst oder auf den Arm genommen werden. Stellen Sie Futternäpfe stets an den gleichen Platz und heben Sie das Schutzhäuschen nicht an.

VIER GOLDENE REGELN

1. Meerschweinchen sind Persönlichkeiten mit eigenem Charakter und Ansprüchen. Einige sind mutig, andere scheu. Respektieren Sie die individuellen Wesenszüge und Eigenheiten der Tiere. Das erleichtert die Eingewöhnung.
2. Der eigene Stallgeruch gibt Sicherheit und schafft Heimatgefühle. Reinigen Sie Gehege/Käfig erst dann, wenn die Tiere mit Ihnen und ihrer neuen Umgebung vertraut sind.
3. Nehmen Sie ein scheues Tier auf keinen Fall in die Hand! Bieten Sie ihm durch das Gehege-/Käfiggitter Karotten an. Damit stacheln Sie seine Neugier an und machen ihm Mut. Es lernt dabei Ihren persönlichen Geruch kennen.
4. Starten Sie mit nur einem Meerschweinchen – was ich Ihnen ausdrücklich nicht empfehle –, können Sie dem Neuling die Eingewöhnung mit einem kleinen Trick erleichtern: Legen Sie etwas von der alten Einstreu in den Käfig und spielen Sie ihm Stallgeräusche seiner Sippe vor. Aber bitte gedämpft. Lautstärken über etwa 80 dB (das entspricht ungefähr dem Lärm eines Presslufthammers) versetzen Meerschweinchen in Angst und Schrecken. Geruch und Laute beruhigen und vermitteln Geborgenheit. Und bitte geben Sie dem kleinen Kerlchen einen Artgenossen!

VERTRAUEN BRAUCHT ZEIT

Die ersten Begegnungen zwischen Mensch und Tier sind oft prägend für die spätere Beziehung. In der anfänglichen Begeisterung überfordert man seine neuen Familienmitglieder leicht. Lassen Sie Ihren Meerschweinchen nach ihrer Ankunft ein paar Tage Zeit, den Käfig und die Umgebung zu erkunden. Wer so viel Neues erfährt, braucht diese Zeit. Vermeiden Sie alles, was den Tieren Angst machen könnte. Es dauert eine Weile, bis sie sich an die fremden Gerüche und die übliche Lärmkulisse

> **Eltern-TIPP**
>
> **Kein Empfangskomitee**
> Beim Umzug vom alten Zuhause in ein neues haben die Meerschweinchen einiges zu verarbeiten und müssen erst einmal die vielen Eindrücke »verdauen«. Machen Sie Ihrem Kind klar, dass die Tiere nach ihrem Einzug zunächst einige Tage Ruhe brauchen. Erst dann dürfen Verwandte und Freunde den tierischen Familienzuwachs bestaunen, aber noch nicht streicheln und hochnehmen.

Vertrauen braucht Zeit

Eines hat sich schon getraut, auf den Schoß zu klettern. Auch das zweite fasst Mut.

Die beiden haben von sich aus den Kontakt zum Menschen gesucht. Streicheln erwünscht!

gewöhnt haben. Um Ihre Meerschweinchen handzahm zu machen, ist Ihr Einfühlungsvermögen gefragt. Nähern Sie sich den kleinen Gesellen immer von vorne. So kann das Tier Sie auch optisch und nicht nur geruchlich wahrnehmen. Wenn das Meerschweinchen von sich aus auf Sie zuläuft, ist eine hohe Hürde genommen. Sie können mit dem Zähmen beginnen.

- **Schritt 1:** Begeben Sie sich auf Augenhöhe mit den Meerschweinchen. Verharren Sie einige Minuten ruhig. Ahmen Sie dann die Töne des Meerschweinchens nach oder verwenden Sie zum Beispiel ein Handy mit Aufnahmen von Meerschweinchenstimmen.
- **Schritt 2:** Reiben Sie Ihre Hände mit »benutzter« Einstreu ein. Öffnen Sie nun die Gehege-/Käfigtür und halten Sie dem Tier etwa ein frisches Löwenzahnblatt vor die Nase. Nennen Sie dabei leise seinen Namen. Ein lang gezogenes »guuut« wirkt zudem beruhigend.
- **Schritt 3:** Aus der Sicht des Meerschweinchens sind Sie eine Art »Glücksbringer«, der leckeres Futter hat. Es verbindet mit Ihrer Person daher nur Positives. Dieses Vertrauen kann man ausbauen. Lassen Sie das Tier in Ruhe futtern. Widerstehen Sie der Versuchung, es anzufassen (→ Fotos, Seite 53).
- **Schritt 4:** Das Meerschweinchen sucht Kontakt zu Ihnen und lässt sich vorsichtig unter dem Kinn kraulen. Das ist der erste Punktsieg, als zweiter folgt das Streicheln mit dem Finger über den Rücken. Weicht das Meeri nicht mehr zurück, ist es handzahm. Jetzt erkundet es auch im Freilauf neugierig seine Umgebung. Ein Rückzugsort im Gehege/Käfig, in Form eines Häuschens, muss jedoch gewährleistet sein, denn das vermittelt dem Tier Sicherheit.

Auf Entdeckertour: Gruppenverhalten

Imponiergehabe

Kommt da Mann oder Frau? Grundsätzlich wird jeder Neuling, der in das Gehege eines Rudels gesetzt wird, vom Boss bedroht. Der fremde Geruch ist Grund genug, seine Stärke zu demonstrieren. Breitbeinig purrend geht er auf den Neuling zu. Er klappert mit den Zähnen und fährt seine Hoden aus. Erkennt er, dass es sich um ein Weibchen handelt, stoppt er sein Imponiergehabe und beriecht das Weibchen. Die Welt ist wieder in Ordnung. Kommt jedoch ein fremdes Männchen dazu, ist Kampf angesagt.

Freie Partnerwahl

In einem gemischtgeschlechtlichen Rudel besteigen in der Regel Männchen brünstige Weibchen. Werden die Tiere aber nach Geschlechtern getrennt gehalten, kommt es häufig vor, dass brünstige Weibchen ihresgleichen besteigen. Auch Männchen sind in dieser Situation nicht wählerisch. Ein überlegenes Männchen bespringt nach einer Auseinandersetzung den unterlegenen Artgenossen oder ein anderes Männchen, das sich zufällig in der Nähe befindet. Meerschweinchen besteigen bevorzugt ruhende oder fressende Partner. Die Kopulation selbst dauert nur 15 bis 30 Sekunden.

Auf Entdeckertour

Eine innige Beziehung
Eine ausgeprägte Brutpflege hat die Natur bei Meeris nicht vorgesehen, weil die Kinder bereits in einem hoch entwickelten Zustand zur Welt kommen. Zwischen Mutter und Kind besteht dennoch eine innige Bindung. Wo immer die Mutter hinläuft: Das Kleine folgt ihr. Die Bindung hält bei Weibchen bis zur Geschlechtsreife an.

Eltern-TIPP

Verhaltensforscher
Spielen Sie mit Ihrem Kind Verhaltensforscher. Nehmen Sie eines Ihrer Meerschweinchen für eine halbe Stunde aus der Gruppe und setzen Sie es an einen sicheren Platz. Vor dem Zurücksetzen reiben Sie es mit Erde oder Pflanzenduft ein. Beobachten Sie und Ihr Kind das Verhalten der Meeris. Jeder erzählt nun, was er gesehen hat. Filmen Sie mit Ihrem Handy den ganzen Vorgang und vergleichen Sie die Beobachtungen.

Müde oder wütend?
Bei Meeris kann ein Gähnen zweideutig sein. Es lässt sich nur dann richtig deuten, wenn man es im Kontext sieht. Zieht sich das Tier an seinen Ruheplatz zurück und reißt das Mäulchen auf, dann gähnt es vermutlich aus Müdigkeit. Gähnt es aber nach einem verlorenen Kampf den Gegner an und zeigt ihm seine Schneidezähne, dann ist es ein Ausdruck von Unsicherheit und einer aggressiven Grundstimmung.

Wenn Probleme auftauchen

Auch in der Meerschweinchen-Haltung läuft nicht immer alles glatt. Manchmal steht man plötzlich vor einem Problem. Doch mit Liebe und Verständnis für die Tiere findet sich immer eine Lösung.

Kleiner Höhlenforscher – ein prima Versteck mit leckerem Futtervorrat.

NOCH IMMER SCHEU

Auch Wochen nach seinem Einzug bleibt das Meerschweinchen scheu und flüchtet beim kleinsten ungewohnten Geräusch oder sobald man sich ihm nähert, panisch in sein Versteck. Dieses Verhalten kann mehrere Gründe haben. Vielleicht haben Sie eine besonders ängstliche Persönlichkeit erworben (→ Seite 60). Oder Ihre Geduld hat nicht ausgereicht, um das Vertrauen des Tieres zu gewinnen. Achten Sie auch darauf, dass die Kinder das Meerschweinchen nicht allzu sehr bedrängen. Möglicherweise steht das Meerschweinchen-Heim an einem Platz, wo sich die Tiere ängstigen oder wo es zu laut ist (→ Seite 66). Aber auch die Vergangenheit der Tiere spielt eine Rolle. Überprüfen Sie zunächst die Haltungsbedingungen. Stellen Sie fest, dass ein oder alle Meerschweinchen flüchten, wenn Sie in ihre Nähe kommen, verbinden die Tiere etwas Negatives mit Ihrer Person. In diesem Fall brauchen Sie Geduld und nochmals Geduld. Versuchen Sie, die Meerschweinchen mit Leckerbissen zu verführen. So lernen sie, dass von Ihnen nur Positives zu erwarten ist.

WENN DER PARTNER STIRBT

Sofern die Meerschweinchen in einem kleinen Rudel leben, ist der Tod eines Tieres kein großes Problem. In einer Zweierbeziehung dagegen schon. Besorgen Sie dem Hinterbliebenen sofort einen neuen Partner, denn Meeris sind Persönlichkeiten mit Gefühlen. Ihr Verhalten lässt auf Trauer schließen. Der Hinterbliebene ist apathisch und kommt weniger häufig auf Zuruf angetrabt. Ich würde ein junges Meerschweinchen dazusetzen, weil es sich leichter anpasst – selbst wenn der Altersunterschied groß ist. Sie dürfen jetzt natürlich keine Wunder erwarten. Die beiden brauchen Zeit, um sich aneinander zu gewöhnen. Für den Neuling ist alles fremd, sowohl Umgebung als auch der Partner. Der Vereinsamte hat es leichter. Er muss sich nur an den Neuling gewöhnen. Aber auch andere Alternativen – wie etwa zwei gleichaltrige Meerschweinchen zusammenzubringen – sind möglich. Nur eine nicht: das Meerschweinchen alleine zu halten.

KLEINE DICKERCHEN

Warum wird ein Meerschweinchen dick? Die Ursache liegt auf der Hand: Es futtert zu viel und bewegt sich zu wenig. Und schuld daran sind meistens wir. Einerseits werden die Tiere zu kalorienreich gefüttert, andererseits ist ihr Käfig häufig viel zu klein. Gewährt man ihnen nicht täglich mehrere Stunden Freilauf im Zimmer oder haben sie kein Auslaufgehege zur Verfügung, leiden sie unter Bewegungsmangel. Und auch Stress kann dick machen. Das hat der Biologe Rüdiger Beer bei Meerschweinchen eindrucksvoll bewiesen. Weibchen, die täglich mit fremden Partnern konfrontiert wurden, nahmen mehr an Gewicht zu als solche, die in einer festen Beziehung lebten. Fazit: Ein ständiger Wechsel der Artgenossen erhöht die Stresshormone und die Herzschlagfrequenz eines Meerschweinchens. Wer unter Dauerstress steht, futtert also mehr, als ihm guttut. Kommt Ihnen das bekannt vor? Ein weiteres überraschendes Ergebnis der Untersuchungen des Biologen:

ZUSATZWISSEN

Meerschweinchen-Verleih
Die Idee kommt aus der Schweiz, denn dort dürfen Rudeltiere wie die Meeris nicht einzeln gehalten werden. Was aber tun, wenn man ein Paar hält und einer der beiden stirbt? Setzt man ein neues dazu, bleibt irgendwann wieder ein Tier übrig. Ein Kreislauf ohne Ende. Die Schweizerin Priska Küng bietet deshalb eine Übergangslösung für Menschen, die keine neuen Meeris mehr wollen. Bei ihr kann man Meerschweinchen »leasen«. Inzwischen hat die Schweizerin das Netzwerk www.leihmeerschweinchen.ch ins Leben gerufen. Auch in Deutschland ist die Idee verbreitet.

Die Weibchen mit wechselnden Artgenossen bekamen zwar statistisch gesehen gleich viele Kinder wie die Weibchen, die immer im gleichen Rudel lebten. Allerdings starben diese Weibchen im Durchschnitt ein Jahr früher. Stress verkürzt also auch die Lebensspanne.

Überprüfen Sie bei Ihren übergewichtigen Meerschweinchen zunächst die Haltungsbedingungen. Sorgen Sie für ein anregendes Umfeld mit viel Platz zum Laufen, mit Verstecken und Beschäftigungsmöglichkeiten. Gehen Sie sparsam mit kalorienreichen Leckerbissen um. Keinesfalls dürfen Sie die Tiere jedoch auf Diät setzen und hungern lassen. Sie brauchen vor allem rohfaserhaltiges Futter wie Heu, das die Darmbewegungen aufrechterhält (→ Seite 85). In seltenen Fällen kann das Übergewicht auch genetisch bedingt sein.

Eltern-TIPP

Auf der Jagd
Meerschweinchen werden nicht selten begehrte Jagdobjekte der Kinder. Wenn die Tiere frei im Zimmer oder in ihrem Gehege umherlaufen, finden oft wilde Verfolgungsjagden statt, um das Meerschweinchen auf den Arm zu nehmen. Für die Meeris ist das ein Albtraum, der sich unauslöschlich in ihrem Gedächtnis verankert. Sie bleiben oder werden scheu und sind besonders schreckhaft.

ÜBERÄNGSTLICH

Meerschweinchen sind Persönlichkeiten mit eigenen individuellen Eigenschaften. Wie bei allen Tieren entwickelt sich auch bei Meerschweinchen die Persönlichkeit im Zusammenwirken von Umwelt und Genetik. Die Mehrzahl von ihnen reagiert auf Neues mit Vorsicht oder Angst. Aber mit Geduld, Geschick und Einfühlungsvermögen erliegen fast alle dem menschlichen Charme. Es ist nur eine Frage der Zeit, bis sie zahm und zutraulich werden. Aber es gibt auch besondere Sensibelchen unter ihnen – die Überängstlichen –, an denen der Halter fast verzweifelt. Nach Wochen sind sie noch nicht zahm. Immer wenn der Mensch versucht, sie zu berühren, fallen sie in eine Art Starre (freezing behaviour) und fliehen bei der erstbesten Gelegenheit. Warum sind manche Tiere so ängstlich? Das kann viele Gründe haben. Während der Schwangerschaft war die Mutter vielleicht besonders hohem Stress ausgesetzt. Sie wechselte von einer vertrauten Gruppe in eine fremde, oder sie kam in eine andere Umgebung. Mutter und Kind sind eine physiologische Einheit, und so ist es nicht verwunderlich, dass der Stress der Mutter sich auf das Baby auswirkt. Aber auch die Genetik des Tieres kann eine bedeutende Rolle spielen. Oft ist die Vergangenheit des Tieres für die Überängstlichkeit verantwortlich. Es hat schlechte Erfahrungen mit Menschen gemacht, war zu lange in Einzelhaltung oder wechselte häufig den Besitzer. Manche Männchen hatten nicht die Gelegenheit, sich artgerecht zu sozialisieren, und nehmen daher kaum eine Beziehung zum Menschen auf. Meine Bitte: Akzeptieren

Überängstlich 2

Frischkost ist gesund und macht nicht dick. Verwöhnen Sie Ihre Leckermäulchen nicht zu häufig mit kalorienreichen Knabberstangen, denn Übergewicht macht krank.

und respektieren Sie das Tier. Mit Geduld und Liebe hat man eine gute Chance, sein Vertrauen zu gewinnen. Ihre anderen zahmen Meerschweinchen können dabei eine Hilfe sein. Der ängstliche Kandidat sieht, dass die Artgenossen keine Angst vor dem Menschen haben und ihm sogar aus der Hand fressen. Das macht neugierig und dämmt die Angst. Bestechen Sie das Tier mit Leckerbissen. Setzen Sie sich neben das Gehege und sprechen Sie mit Ihren Meerschweinchen. Falls Ihnen der Gesprächsstoff ausgeht, lesen Sie ihnen vor. So gewöhnt sich auch der Angsthase an Ihre Stimme, Ihren Geruch und Ihre ruhigen Bewegungen.
Im Laufe der Zeit verbindet er Sie nur mit positiven Erfahrungen. Das alles ist zwar ein zeitraubender Prozess, aber er zahlt sich aus – versprochen …

3

BEQUEM
UND GUT
LEBEN

Für die Lebensqualität Ihrer Meerschweinchen spielt ihre artgerechte Unterbringung eine wichtige Rolle. Eine Umgebung, in der man sich wohlfühlt, gibt Sicherheit und ein gutes Gefühl. Das wissen wir nur allzu gut von uns selbst. Und auch den kleinen Vierbeinern geht es nicht anders ...

Ein sicherer Schlafplatz und Zufluchtsort

Zu Recht gilt die Haltung von Meerschweinchen in einem kleinen, geschlossenen Käfig als nicht artgerecht. Doch einen Käfig, dessen Tür Tag und Nacht offen steht, können Meeris durchaus als Wohlfühloase empfinden.

Wie wir heute wissen, spielt nicht nur die soziale Umwelt eine wichtige Rolle, damit sich ein Meerschweinchen wohlfühlt, sondern auch die Strukturierung und Größe seines Lebensraums. Zentrale Bedeutung hat das Heimatrevier, der Platz, an dem die Tiere den größten Teil ihres Lebens verbringen. Meerschweinchen geht es ähnlich wie uns. In unseren eigenen vier Wänden fühlen wir uns am wohlsten. Dieses gute Gefühl stärkt die Psyche und die Gesundheit. Auch die kleinen Nager brauchen einen Ort der Geborgenheit und der Rückzugsmöglichkeiten.

EIN MEERSCHWEINCHEN-HEIM ZUM WOHLFÜHLEN

Die Tierärztliche Vereinigung für Tierschutz empfiehlt für die Unterbringung von zwei Meerschweinchen eine Käfig-Mindestgröße von 120 cm Länge, 60 cm Breite und 50 cm Höhe. Diese Angaben halte ich jedoch als Daueraufenthalt für zu gering für ein lebenswertes Meerschweinchen-Dasein. Bei zu kleinen Käfigen werden die kleinen Nager apathisch. Sie erkunden weniger die Umwelt und ruhen deutlich mehr, wie die Schweizer Biologin Felicitas Zopfi-Fischli wissenschaftlich nachgewiesen hat. Die Haltung von zwei Tieren mit diesen Käfigmaßen ist nur dann vertretbar, wenn die Tiere mindestens einmal am Tag ausgiebigen Freilauf genießen dürfen. Bedenken Sie: Der Käfig ist der Mittelpunkt der Meerschweinchen-

Die Unterschale eines Käfigs wird zur Meerschweinchenburg mit Holzbrücke.

Ein Meerschweinchen-Heim zum Wohlfühlen

welt. Er bedeutet in diesem Fall mehr als nur einen Zufluchtsort, sondern soll auch Wohlfühl- und Erlebnisheimat sein. Eine gute Lebensqualität für die kleinen Nager in der Wohnung bietet deshalb besser ein Käfig, dessen Tür immer geöffnet ist – mit angeschlossenem Freilaufgehege zum Erkunden und Austoben (→ Seite 70).

Das Heim 1. Ordnung

Der zentrale Bereich eines Territoriums (Revier) dient als Zufluchtsort und Schlafstätte und wird in der Biologie als Heim 1. Ordnung bezeichnet. Das ist für die Meerschweinchen ihr Käfig mit Häuschen (→ Seite 67).

Die Käfige im Fachhandel bestehen in der Regel aus einer Kunststoff-Bodenschale mit Gitterhaube. Achten Sie darauf, dass die Bodenschale nicht höher als 16 cm ist, damit die kleinen Nager auch vom Käfig aus sehen können, was draußen passiert. Zudem verhindern niedrige Schalen einen Wärmestau und Geruchsbildung.

Die Gitterstäbe verlaufen am besten waagerecht und sind verzinkt oder matt verchromt. Kunststoffummantelte Stäbe knabbern die Meerschweinchen an, und das schadet der Gesundheit.

Hinweis: Käfige mit geschlossenem Plastikoberteil sind ungeeignet, denn die Tiere können dann nicht geruchlich mit ihrer Umwelt kommunizieren. Zudem sitzen sie in ihrer eigenen »Ammoniaksuppe«. Meerschweinchen scheiden wie andere Säuger Harnstoff aus, der schnell zu Ammoniak umgebaut wird. Ammoniak riecht starkt und ist ein Atemgift, das zu Verätzungen der Atemwege führen kann.

Zwei Käfige können Sie auch miteinander verbinden, um die Käfig-Grundfläche zu verdoppeln. Voraussetzung dafür ist, dass bei einem Käfig, besser bei beiden, die Seitenwände einzeln hochklappbar oder aushängbar sind. Ein Tipp: Bestücken Sie den Bodenbelag in den beiden Käfigen unterschiedlich – in einen Teil kommt normale Heimtierstreu, in den anderen mit Steinen vermischte Erde. Auf letzterem Boden nützen sich die Krallen gut ab.

Etagenkäfige sind eine gute Alternative für kleine Räume. Doch Meerschweinchen bevorzugen ihrer Natur entsprechend eher große, ebene Flächen. Die Tiere brauchen Zeit, bis sie sich an solch ein Etagenheim gewöhnt haben. Achten Sie auf eine stabile Konstruktion des Käfigs und eine gute Qualität der Einrichtung. Gitterrampen und Rampen aus Kunststoff empfehle ich nicht, weil die Tiere sich im Gitter verheddern können und auf dem Kunststoff ausrutschen. Wählen Sie Rampen aus Holz. Im Internet finden Sie in Meerschweinchen-Foren und auf Homepages oftmals sehr gute Anregungen für den Eigenbau solcher Käfige (→ Meerschweinchen im Internet, Seite 141).

> **TIPP**
>
> **Platz im Ruheraum**
> Beschäftigungsgegenstände wie etwa Holzspielzeug oder Grasbälle gehören nicht in den Käfig, sondern ins anschließende Gehege. Das Fluchttier Meerschweinchen muss schnell und ungehindert seinen Rückzugsort aufsuchen können.

Gesamtansicht der Anlage: Rückzugsort mit Schlafhäuschen und anschließendes Gehege.

DER RICHTIGE PLATZ

Wählen Sie für Käfig und Zimmergehege einen hellen, zugfreien Platz. Zu große Sonneneinstrahlung und Hitze vertragen Meerschweinchen allerdings nicht, sonst besteht die Gefahr eines Hitzschlags (→ Seite 116). Die übliche Geräuschkulisse stört Meerschweinchen nicht, aber hochfrequente Geräusche versetzen sie in Panik (→ Seite 30). Achten Sie darauf, dass Ihre Meeris nicht durch andere Haustiere gestört werden. Eine Hundeschnauze am Gehegegitter oder eine pfötelnde Katze kann Angst erzeugen. Wählen Sie einen hellen Raum, den Sie gut lüften können, denn Meerschweinchen sind Frischluftfanatiker. Ideal sind Zimmertemperaturen zwischen 15 und 20 °C. Geringe Abweichungen werden jedoch gut vertragen. Nun **ein Vorschlag meinerseits**, der vielleicht nicht allzu populär ist. Wenn möglich, verstellen Sie Zimmergehege und Käfig hin und wieder im Raum oder bauen Sie in einem anderen Zimmer auf. Monotonie und Langeweile sind auch für unsere Meerschweinchen Gift. Und ein anderer Blickwinkel bereichert die Welt der Meerschweinchen. Wir haben sehr gute Erfahrungen damit gemacht. Tiere, die aus ihrem Alltagstrott gerissen wurden, waren viel neugieriger und aufmerksamer. Kein Wunder, wenn man bedenkt, wie Tiere in der freien Natur leben. Da gibt es keine »Einheitstapete«, sondern Abwechslung pur – jeden Tag aufs Neue.

AUSSTATTUNGS-BASICS

Als Rudeltiere suchen Meerschweinchen den engen Kontakt zu ihren Artgenossen. Obwohl gegenseitige Körperpflege oder »Grooming«, wie die Verhaltensbiologen dieses Verhalten nennen, kaum beobachtet wird, ist die Tuchfühlung mit dem Partner wichtig. Daher sollte ein **Häuschen** Platz genug für alle bieten. Meiner Dreierbande habe ich noch ein zweites kleineres Häuschen aus einer umgedrehten Pappschachtel hingestellt, falls einem der kleinen Kerle nicht nach Gesellschaft zumute sein sollte. Ich empfehle Holz- statt Plastikhäuschen, obwohl Plastik leichter zu reinigen ist. Speziell für die wichtige Zahnpflege ist Holz gut, auch wenn ein Holzhaus den Nagezähnen nicht lange widersteht. Je einfacher die Konstruktion des Häuschens, desto besser. Drei Wände und ein Dach, und fertig ist das Haus. Weiterhin gehören in den Käfig, der als Zufluchtsstätte und Schlaf- und Ruheraum dient, **Futternäpfe**. Verwenden Sie kippsichere Näpfe aus Porzellan oder Ton, dann landet das Futter nicht in der Einstreu. Der **Wasserspender**, die Nippeltränke, ist aus Glas oder Kunststoff und wird am Käfiggitter eingehängt. Er nimmt wenig Platz weg, und das Wasser bleibt sauber (→ Seite 100). Auch Jungtiere lernen schnell, wie man ihn benützt. Hat wirklich ein Youngster Schwierigkeiten, befeuchten Sie den Nippel. Im Handumdrehen hat der Kleine begriffen, wie die Tränke funktioniert. Natürlich können Sie auch Wasserschälchen benützen, wenn Sie das Gefühl haben, Ihre Tiere trinken lieber daraus. Die tägliche Menge Heu sollte in einer **Futterraufe** angeboten werden. Praktisch sind Heuraufen, die man außen am Käfiggitter einhängt und aus denen die Tiere die einzelnen Halme ziehen können. Als **Käfig-Einstreu** verwende ich biologische Kleintierstreu (Zoofachhandel) in einer Schicht von 10 bis 15 Zentimeter. Dazwischen verteile ich Stroh. Das Stroh bereichert den Untergrund für die Meeris, denn sie kuscheln gern darin.

ZUSATZWISSEN

Was Meeris nachts so treiben
Sie sind keine Nachtschwärmer. Wir beobachteten zwei kleine Rudel jeweils eine Woche unter verschiedenen Bedingungen. Die erste Gruppe lebte in einem lichtdurchfluteten Zimmer in einem geräumigen Käfig. Die zweite auf einem 4 m² großen Balkon mit Schlafhaus. Den Großteil der Nacht dösten und schliefen die Tiere. Im Rhythmus von 2 bis 3 Stunden liefen beide Gruppen umher, fraßen, tranken und beschnupperten sich. Unsere Vermutung, dass die Balkongruppe, die den Sternenhimmel und die Geräusche wahrnehmen konnte, nachts aktiver ist, bestätigte sich nicht …

BEQUEM UND GUT LEBEN

Beschäftigung gegen Langeweile

Stroh-Möhrchen und Grasball
Sie bestehen aus Mais-Stroh und Gras. Beides darf nach Herzenslust beknabbert werden.

Holzspielzeug
Es rollt beim Anstoßen, und ein Glöckchen klingelt dabei.

Leckere Socke
Die alte Socke riecht nach vertrautem Menschen und bietet eine originelle Heuvorratskammer.

Futterkugel
Frische Löwenzahnblätter in der Futterkugel. Sie kann am Gitter aufgehängt werden und wird dann gleich zum Fitnessgerät.

Knabberzweige
Ungespritzte Zweige von Apfel- oder Birnbaum sind gut für die Zähne.

Rollendes Gemüse
Gemüse und Obst auf einen Schaschlikspieß ohne Spitze aufspießen.

Futterbar
Das Futter in den Näpfen bleibt sauber, und am Holz darf genagt werden.

Abenteuerspielplatz Zimmergehege

Ein spannendes Umfeld fördert die Intelligenz, und ein großzügiger Lebensraum sorgt für Bewegung. Das bietet ein Zimmergehege. Lassen Sie sich inspirieren, und schaffen Sie Ihren Meeris ein kleines Paradies.

Meerschweinchen, die in einem Käfig leben müssen, brauchen täglich mindestens zwei Stunden Freilauf im Zimmer. Hier lauern jedoch Gefahren für die kleinen Nager. Wie praktisch ist da doch ein Zimmergehege. Im Zoofachhandel gibt es große Käfige mit passenden Gitterelementen für ein anschließendes Gehege, die leicht auf- und abzubauen sind. Mit etwas handwerklichem Geschick lassen sich solche Elemente auch aus Massivholz und Acrylglas oder Spanplatten selbst bauen. Planen Sie etwa 2 m² Fläche für zwei bis drei Meerschweinchen ein.

TIPP

Werden Meeris stubenrein?
Die Verdauung eines reinen Pflanzenfressers wie dem Meerschweinchen funktioniert anders als bei einem Fleisch- oder Allesfresser. Ich kenne keine stubenreinen Meeris und habe mich damit abgefunden. Tun Sie es bitte auch!

GESTALTUNG MIT PFIFF

Wie einfach man das Wohlfühlambiente von Meerschweinchen steigern kann, zeigten die Versuche der Schweizer Biologin Felicitas Zopfi-Fischli von der Uni Bern. Sie brachte verschiedene versetzbare Holz-Trennwände in den Käfig ein. Der Erfolg war großartig. Die Meerschweinchen wurden munterer, und rangniedere Tiere konnten auf diese Weise ihren Rivalen ausweichen. In einem Zimmergehege haben Sie viele Möglichkeiten, den kuscheligen Pummelchen einen interessanten Lebensraum zu schaffen. Wussten Sie schon, dass die **Lieblingsfarbe** der Meerschweinchen Grün ist? Das fanden Verhaltensforscher heraus. Demnach fühlen sich die munteren Gesellen auf dunklem Untergrund am wohlsten. Ein heller Boden, wie etwa weiße Fliesen, erzeugt dagegen Stress. Außerdem sind Fliesen kalt und zu glatt zum Laufen. Wie sollte also der **Boden im Gehege** beschaffen sein? Und wie schützt man ihn vor den Ausscheidungen der kleinen Nager? Die erste Schicht bildet eine Teichfolie. Geben Sie darüber eine Lage Zeitungen, die den durchsickernden Urin aufsaugt. Auf die Zeitungen legen Sie eine nagerfreundliche Reis- oder Strohmatte (kostengünstig in Baumärkten erhältlich). Auch ein strapazierfähiger Teppichbodenrest – ohne Schlingen – erfüllt den Zweck. Hierbei könnten Sie sogar die Farbvorliebe der Meerschweinchen berücksichtigen.

Gehegestruktur

Der Schlaf- und Ruhekäfig steht am besten **im hinteren Teil des Zimmergeheges**. Hier fühlen sich die kleinen Nager sicher. Um den Meerschweinchen den Ausflug ins Gehege zu erleichtern, legen Sie einen oder zwei Backsteine im Käfig vor den Ausgang und ein oder zwei andere davor. Diese Steine benutzen die Meeris als »Sprungbrett«. Oder Sie verwenden eine formschöne biegsame Holzbrücke oder Holzrampen aus dem Zoofachhandel. Jetzt haben die Tiere die freie Wahl, auf Entdeckungstour zu gehen oder »zu Hause« zu bleiben. Ist ein Mitglied der Bande tatendurstig, folgen die anderen schnell, denn Neugierde steckt an. **Im vorderen Gehegeteil** gibt es mehrere Unterschlüpfe wie etwa Korktunnel, Grastunnel oder umgedrehte Schuhkartons mit Einschlupfloch. Dazu eine Holzbrücke zum Darüberlaufen, eine Wippe, ein Bündel Stroh und Äste zum Knabbern (→ Foto, Seite 66). Im Grunde sind Ihrer Fantasie keine Grenzen gesetzt.
Hinweis: Überfrachten Sie das Gehege nicht. Die Tiere müssen ausreichend Platz zum Laufen haben, auch über eine längere Strecke. Wenn Sie die Einrichtung immer mal wieder leicht verändern, stellt das die Bewohner stets vor neue spannende Aufgaben (→ Kapitel 6, Immer in Aktion, ab Seite 122).

GEFAHREN-CHECK

Auf Meerschweinchen, die frei im Zimmer laufen, lauern allerhand Gefahren. Folgendes kann gefährlich werden:

- ☐ Spitze Gegenstände wie Nadeln, Reißnägel oder Scheren nicht herumliegen lassen.
- ☐ Scharfe Gegenstände wie etwa Messer wegräumen.
- ☐ Giftige Zimmerpflanzen und Kakteen außer Reichweite stellen (→ App-Inhalt, Seite 101).
- ☐ Elektrokabel unerreichbar für die Tiere verlegen. Beim Anknabbern kann es zu einem tödlichen Stromschlag kommen.
- ☐ Putzmittel und Chemikalien unter Verschluss halten.
- ☐ Medikamente nicht offen herumliegen lassen.
- ☐ Türen vorsichtig öffnen und schließen, um kein Tier einzuklemmen.
- ☐ Darauf achten, dass man nicht versehentlich auf ein Tier tritt.
- ☐ Das Meerschweinchen nicht auf dem Tisch laufen lassen, sonst kann es abstürzen.
- ☐ Hund und Katze nur unter Aufsicht mit den Meerschweinchen zusammentreffen lassen.
- ☐ Kleinkinder und Meerschweinchen stets beaufsichtigen, wenn sie sich zusammen in einem Raum befinden.

Balkonien – Urlaubsland für kleine Nager

Bewegung an der frischen Luft stärkt das Immunsystem, hält die Verdauung in Schwung und steigert das allgemeine Wohlbefinden. Den stundenweisen Aufenthalt auf Balkon oder Terrasse genießen alle Meeris.

Schweinchen, die vorwiegend in der Wohnung leben, müssen langsam an den Aufenthalt im Freien gewöhnt werden, denn auch Meerschweinchen können sich erkälten. Die **Freiluftsaison** beginnt im Frühjahr mit den ersten warmen Tagen und endet im Herbst, wenn es feucht und kalt wird. Wenn die Temperaturen um die 12 °C liegen, setzen Sie Ihre Schweinchen das erste Mal für zwei bis drei Stunden nach draußen. Beobachten Sie, ob sie ihr neues Gehege annehmen und sich darin zurechtfinden. Ist das der Fall, können Sie die Tagesausflüge auf fünf bis sechs Stunden ausdehnen.

FREILUFTWOHNUNG MIT KOMFORT

Es genügt nicht, einfach den Käfig auf Balkon oder Terrasse zu stellen und die Meerschweinchen sich selbst zu überlassen. Es sollte schon ein kleines Gehege sein, das Sie Ihren felltragenden Hausgenossen zur Verfügung stellen. Hier können sie laufen und auf Entdeckungstour gehen. Gut geeignet ist zum Beispiel ein Zimmergehege, wie auf Seite 70 beschrieben. Im Fachhandel gibt es Freigehege aus Metall oder Holz, die sich schnell auf- und abbauen und beliebig erweitern lassen und platzsparend verstaut werden können. Oder Sie werden selbst handwerklich tätig.

Diese Gehege haben keinen **Boden**, und der Fliesen- oder Betonboden des Balkons ist zu glatt und zu kalt für zarte Meeri-Füßchen. Aber auch hier tut ein Schilf- oder Maisstrohteppich gute Dienste, oder Sie legen das Gehege mit einem Teppichrest aus. Die **Einrichtung** besteht aus einem oder besser zwei Zufluchtshäuschen für zwei bis vier Meerschweinchen. Sie sind absolute Pflicht, damit die Tiere bei Regen, Wind und Hitze Schutz finden oder beispielsweise bei einem ungewohnt lauten Geräusch, wie etwa einem Düsenjäger, ins Häuschen flüchten können. Geben Sie etwas Heu in die Häuschen, dann können die Schweinchen während ihres Aufenthalts an den Halmen knabbern. Richten Sie außerdem einen Futterplatz im Gehege ein und sorgen Sie für frisches Wasser zum Trinken. Für **Bewegung** und Beschäftigung eignen sich zum Beispiel Grastunnel, Holzbrücken und Korkröhren. Interessant für die kleinen Nager sind auch

unbekannte Gerüche. Überraschen Sie Ihre Schweinchen zum Beispiel mit verschiedenen Mitbringseln von Ihrem Spaziergang: ein Stein vom Feld, ein Stück Moos aus dem Wald oder Treibholz vom Seeufer werden sicher neugierig von Ihren Meerschweinchen untersucht.
Hinweis: Wenn Balkon oder Terrasse nicht überdacht sind, sollten Sie einen Teil des Geheges, dort wo Schutzhäuschen und Futterplatz sind, zum Beispiel mit einer wasserdichten Plane abdecken.

Sicherheit

Selbst auf einem Hochhaus-Balkon sind Meerschweinchen nicht vor Feinden sicher. Greifvögel scheuen sich nicht, solch ein leckeres Schweinchen mit den Krallen zu packen und mit ihm davonzufliegen – ein wahres Festessen. Auch Katzen turnen bisweilen über Balkonbrüstungen. Deshalb ist es besser, das Gehege oben mit einem Schutznetz oder einem festen Holzrahmen und Maschendraht zu sichern.

Sonnenschutz

Meerschweinchen sind sehr hitzempfindlich und können einen tödlichen Hitzschlag bekommen, wenn sie keine Möglichkeit haben, Schatten aufzusuchen (→ Seite 116). Sorgen Sie deshalb etwa mit einer Markise, einem Sonnenschirm oder einem Sonnensegel über dem Gehege für Schatten. Aber bedenken Sie, dass die Sonne wandert. Dort, wo morgens noch Schatten war, kann mittags pralle Sonne herrschen. Und noch ein Tipp für heiße Tage: langhaarigen Tieren eine Kurzhaarfrisur verpassen und unter eine umgedrehte Keramik-Auflaufform ein oder zwei Kühlakkus legen. Das bringt Abkühlung.

Wer möchte hier nicht Meerschweinchen sein? Springen, klettern, laufen, rennen, schnuppern, futtern – Lebensfreude pur.

Auf Entdeckertour: In der Sommerfrische

Die Landkarte im Kopf
Meeris lernen im Handumdrehen, wo sich welcher Gegenstand in ihrem Gehege befindet. Diese geistige Fähigkeit, nämlich blitzschnell eine Art Landkarte im Kopf zu erstellen, haben sie mit ihren wilden Vettern gemeinsam. In der Wildnis ist diese Fähigkeit überlebenswichtig. Wundern Sie sich also nicht, dass Ihre Tiere, wenn Sie sie ins Sommergehege setzen, zunächst alles nur ruhig betrachten und beriechen. Erst nachdem alles im Kopf gespeichert ist, geht man auf Entdeckungstour.

Wer kommt denn da?
Neugierig reckt das Meerschweinchen seinen Kopf nach oben und zieht die Luft durch die Nase ein. So kann es herausfinden, wer sich ihm nähert. Die kleinen Nager erkennen ihre Betreuer im Wesentlichen am Geruch. Auch das Aussehen spielt eine Rolle, ist jedoch von untergeordneter Bedeutung. Machen Sie folgenden kleinen Test: Parfümieren Sie sich die Hände ein und setzen Sie eine Maske auf. Sie werden feststellen, dass sich das Meerschweinchen vor Ihnen erschreckt und wegläuft. Machen Sie den Versuch ohne Parfüm, aber mit Maske. Es stutzt zwar zunächst, kommt aber herbei.

Auf Entdeckertour

Trampelpfade
Auf der Wiese im Gehege können Sie beobachten, wie Ihre Meerschweinchen regelrechte Trampelpfade – gleich den Wildmeerschweinchen – anlegen. Dabei wird die Wiese auf dem Pfad platt getrampelt, längere Halme werden abgebissen und nach außen gedrückt. Allerdings darf das Gras nicht zu lang sein.

Eltern-TIPP

Wissenswertes
Meerschweinchen unterscheiden sich in vielen Dingen von anderen Nagern wie Ratten oder Hamster. Sie benützen zum Beispiel ihre Vorderpfötchen nicht so geschickt als »Hände« wie diese. Erstaunlich ist der Zusammenhalt junger Meerschweinchen. Trennen Sie deshalb die Geschwister nicht unnötig, nur weil die Kinder gerne die Tiere einzeln hochnehmen wollen. Das tut den Meerikindern nämlich nicht gut.

Wo sind die anderen?
Dieses Meerschweinchen ist auf der Suche nach seinen Artgenossen, denn die putzigen Nager pflegen einen intensiven Sozialkontakt. Beobachten Sie, wie Ihr kleines Rudel im Gänsemarsch hintereinander hertrippelt, um Neuland zu erkunden, oder sich gemeinsam am Futterplatz versammelt und sich auch einmal das beste zarte Löwenzahnblättchen gegenseitig streitig macht.

Und ab ins grüne Paradies ...

Von Frühjahr bis Herbst die Natur im Garten erleben – das gefällt den Schweinchen und tut ihrer Gesundheit gut. Für Tagesausflüge bieten sich versetzbare Gartengehege an, die leicht auf- und abzubauen sind.

Wie schön es im Garten ist: an frischem Grün knabbern, dem Vogelgezwitscher zuhören, das unterschiedliche Licht und die bunten Farben erleben, die verschiedenen Düfte wahrnehmen, sich den Wind um die Nase wehen lassen und auch mal einen warmen Regenschauer spüren. All das bietet die Gartenwohnung.

VIELE STUNDEN GARTENSPASS

Wer handwerklich nicht so geschickt ist oder keine Zeit zum Bau eines Geheges hat, der findet im Zoofachhandel viele Angebote von Freigehegen für den Garten. Achten Sie auf stabile Konstruktionen mit fester Abdeckung, denn nur dann sind die kleinen Nager während ihres Aufenthalts im Freien vor Nachbars Hund oder Katze, Greifvögeln, Mardern und anderen ungebetenen Gästen geschützt.

Für die **Größe** eines solchen Geheges gilt natürlich wie immer: je größer, desto besser. Für zwei bis drei Meerschweinchen sollte es aber schon eine Fläche von etwa 3 m² haben (Tipps für den Eigenbau: → Meerschweinchen im Internet, Seite 141). Im Schatten eines Baumes oder Strauches ist ein **guter Platz für das Gehege**. Bedenken Sie jedoch, dass die Sonne wandert und die hitzeempfindlichen Meerschweinchen niemals praller Sonne ausgesetzt werden dürfen. Schatten Sie das Gehege zusätzlich mit einem Sonnenschirm ab oder spannen Sie einfach eine Plane (Segeltuch) über die Hälfte des Geheges. Bauen Sie das Gehege so auf, dass Sie vom Haus aus ein Auge darauf haben können.

Zur **Einrichtung** der Gartenwohnung gehört unbedingt eine wetterfeste Schutzhütte, in der alle Schweinchen Platz finden. Für zwei bis drei Tiere ist eine Grundflä-

> ### TIPP
>
> **Vertraute Möbel**
> Erleichtern Sie Ihren Meeris das Eingewöhnen im neuen Gehege, indem Sie zunächst das vertraute Häuschen aus der Wohnung und zum Beispiel eine Brücke mit dem »Parfüm« Ihrer tierischen Hausgenossen in das Außengehege stellen.

Viele Stunden Gartenspaß

Hüttenzauber. Das rustikale Häuschen mit passender Heuraufe gefällt eher dem menschlichen Betrachter. Den Schweinchen ist das Design schnuppe – Hauptsache, Platz für alle ...

che von 40 x 40 cm und eine Höhe von 30 cm ausreichend. Ich habe 3 cm hohe Füße unter die Hütte geschraubt, um die Meerschweinchen vor Bodenkälte und -nässe zu schützen. Die **Futternäpfe** stehen auf einer Steinplatte, damit das Futter nicht verschmutzt. Zudem muss der Futterplatz von oben abgedeckt sein. So bleibt das Futter trocken. Die Nippeltränke wird am Gitter befestigt. Sorgen Sie für mehrere Unterschlüpfe wie Korkröhren zum Hindurchkriechen und Klettern. **Frische Zweige** werden gern beknabbert. Wechseln Sie Teile des Mobiliars ab und zu aus. Auch **Zugluft** ist Gift für die Meeris. Abhilfe schaffen Kunststofffolien, die Sie auf ein oder zwei Rahmenteile schrauben. Achten Sie darauf, dass keine giftigen Pflanzen im Gehege sind (→ App-Inhalt, Seite 101).

Rund ums Jahr im Garten wohnen

Ein geräumiges Freigehege im Garten lässt keine Meerschweinchen-Wünsche offen. Hier zeigen die Tiere alle Facetten ihres Wesens und geben uns faszinierende Einblicke in ihre spannenden Verhaltensweisen.

Für die ganzjährige Außenhaltung sollten Sie unbedingt **eine kleine Gruppe** Meerschweinchen halten, zum Beispiel einen kleinen Harem von einem Männchen und drei Weibchen. An kalten Wintertagen können sich die Schweinchen dann gegenseitig wärmen. Das Gehege darf nicht zu klein sein, denn die Tiere müssen sich im Winter viel bewegen, um ihre Körpertemperatur aufrechtzuerhalten. Ich empfehle daher unbedingt eine **Mindestfläche** von 6 m² für bis zu vier Meeris. Praktisch für Reinigungsarbeiten ist ein Gehege, in dem Sie aufrecht stehen können.

WICHTIG

Kalter Winter
Gesunde Tiere, die ganzjährig draußen leben, keinesfalls an kalten Wintertagen zwischendurch in die Wohnung holen und dann wieder ins Gehege setzen. Die Erkältungsgefahr ist zu groß.

GUTE PLANUNG IST ALLES

Wählen Sie einen halbschattigen, windgeschützten Platz als **Standort** für das Gehege aus. Es sollte nicht zu weit vom Haus entfernt stehen, damit Sie Ihre Tiere im Auge behalten können.

Die Unterkunft der kleinen Nager muss **ein- und ausbruchsicher** sein. Marder, Füchse und Ratten sind erfinderische Einbrecher. Und auch Greifvögel zögern nicht, ungeschützte Meerschweinchen zu erbeuten. Deshalb ist es sinnvoll, das Gehege auszuschachten, den Boden zum Beispiel mit engmaschigem Draht auszulegen und darüber Rasensteine zu geben. Den Rand können hochkant aufgestellte Gehwegplatten bilden. Auch »Dach« und Seitenwände müssen stabil stein. Als **Schutz vor Regen und Sonne** wird ein Teil des Geheges überdacht – ein guter Platz für die Schutzhütte und den **Futterplatz.** Verlegen Sie diesen etwas erhöht, etwa auf einen Holzboden. Streuen Sie die Futterstelle täglich mit frischem Heu ein. Hier versammeln sich die Tiere besonders gern. Anregungen für den Gehegebau finden Sie auch im Internet (→ Adressen, Seite 141).

Gute Planung ist alles

Luftiges Schattenplätzchen: Unter dem Mini-Sonnenschirm aus Naturmaterialien genießt das Meerschweinchen den Sommertag – mit Futter- und Getränkebar in Reichweite.

Eine gemütliche Schutzhütte

Die Wände bestehen aus 2 bis 3 cm dickem, massivem Holz, und die Hütte steht zum Beispiel auf einem Holzboden. Unterteilen Sie den Innenraum in 2 bis 3 Kammern, damit sich die Tiere auch aus dem Weg gehen können. Lüftungsbohrungen im oberen Teile der Hütte sorgen für eine gute Luftzirkulation. Den Boden mit Zeitungen auslegen, darüber Heu streuen.

Hinweis: Meerschweinchen fühlen sich erst richtig wohl, wenn die Temperaturen nicht unter 12 °C sinken. Deshalb empfehle ich, für den Winter eine Wärmelampe in der Schutzhütte anzubringen. Wichtig bei der **Gehegeeinrichtung** sind verschiedene Unterschlüpfe mit zwei Ausgängen, wie etwa Röhren, ausgehöhlte Baumstämme oder Korktunnel (→ Viele Stunden Gartenspaß, Seite 76).

Ein sauberes Heim schützt vor Krankheiten

Tiere, die in einem begrenzten Gehege leben, können nicht selbst für Sauberkeit in ihrem Heim sorgen. Regelmäßige Reinigungsarbeiten Ihrerseits sind Pflicht, wenn Ihre Meerschweinchen gesund bleiben sollen.

Schmutzige Gehege, Näpfe und Ausstattungsgegenstände sind Brutstätten für Bakterien, Pilze, Viren und Parasiten. Allerdings mögen Meerschweinchen keine allzu häufigen Putzaktionen, die ihre geordnete Welt durcheinanderbringen. Aber das muss auch gar nicht sein. Verzichten Sie bei den Reinigungsarbeiten auf Spülmittel und chemische Reiniger. Klares, heißes Wasser ist ausreichend. Eine Desinfektion von Gehege und Ausstattung ist nicht nötig, es sei denn, Tierärztin oder Tierarzt haben es nach einem Krankheitsfall der Meerschweinchen angeordnet.

TIPP

Kälte und Schnee
Auch der nicht überdachte Teil des Außengeheges muss im Winter für die Tiere begehbar sein, damit sie sich genug bewegen können. Deshalb die Eingänge von Unterschlüpfen von Schnee freihalten und sie mit Heu auspolstern.

SCHLAF- UND RUHEKÄFIG

Futter- und Trinknäpfe müssen **täglich** gereinigt werden. Zum Säubern der Trinkflasche (Nippeltränke) verwenden Sie am besten eine saubere Flaschenbürste. Stärkere Verschmutzungen werden mit Sand und Wasser beseitigt, indem Sie beides in die Flasche geben und kräftig schütteln. Danach alles gut mit klarem Wasser ausspülen. Auch das Röhrchen der Flasche muss regelmäßig gereinigt werden, damit Pilze und Bakterien keine Chance haben. Verwenden Sie dazu zum Beispiel Wattestäbchen oder Pfeifenreiniger. Hat sich Kalk gebildet, können Sie das Metallröhrchen in Wasser mit einem Schuss Essig-Essenz abkochen. Anschließend mit klarem Wasser abspülen. **Wöchentlich** wird der Schlaf- und Ruhekäfig gesäubert: die gesamte Einstreu erneuert, Bodenschale, Gitteroberteil des Käfigs und Inneneinrichtung mit heißem Wasser gereinigt. Hat sich Urinstein in der Bodenschale gebildet, schafft mit Wasser verdünnte Zitronensäure (aus der Apotheke) oder das Einweichen in Essig Abhilfe. Meine vier Meerschweinchen haben sich an den Großputz gewöhnt. Ich habe den Eindruck, sie genießen es, in der frischen Einstreu zu wühlen. Auf jeden Fall ist nach der Putzaktion ein reges Treiben im Käfig zu beobachten. Während der Reinigung des Käfigs haben die Tiere Freilauf im Zimmer, oder sie halten sich im Zimmergehege auf.

DAS ZIMMERGEHEGE

Meerschweinchen werden in der Regel nicht stubenrein. Sie setzen überall im Gehege Kot und Urin ab. Das Mobiliar wird mit Duftmarken versehen. Wenn Sie meiner Empfehlung für den Bodenbelag gefolgt sind, dann saugt die Papierschicht unter dem Teppich den Urin zunächst auf (→ Seite 70). Doch ein- bis zweimal pro Woche muss das Papier ausgetauscht werden. Kotbällchen entfernen Sie am besten mehrmals wöchentlich. Das Mobiliar des Geheges wird etwa alle ein bis zwei Wochen gründlich mit heißem Wasser gereinigt. Zweige müssen erneuert werden, wenn sie abgeknabbert sind.

DAS SOMMERGEHEGE

Für den täglichen stundenweisen Aufenthalt im Garten- und Balkongehege heißt es natürlich auch: Futternäpfe und Wasserflasche jeden Tag reinigen. Das Schutzhäuschen kann ja für diesen Aufenthalt aus dem Schlaf- und Ruhekäfig stammen. Aber selbstverständlich gilt auch hier: das Häuschen und die Einrichtungsgegenstände jede Woche gründlich mit heißem Wasser säubern und anschließend trocknen lassen. Die Einstreu des Häuschens sollte jeden Tag erneuert werden, damit die Tiere nicht im Nassen sitzen. Auf dem Balkongehege täglich Kotbällchen zusammenkehren, denn sie können unter anderem die gefährlichen Fliegenmaden anziehen (→ Seite 112).

DAS AUSSENGEHEGE

Die ganzjährige Außenhaltung von Meerschweinchen stellt hohe Anforderungen an die Pflegerin oder den Pfleger, denn sie müssen jedem Wetter trotzen: Futter- und Trinknäpfe täglich oder zumindest mehrmals wöchentlich gründlich mit heißem Wasser reinigen. Die Schutzhütte täglich mit frischem Heu oder handelsüblicher Kleintierstreu einstreuen, denn Meerschweinchen verschmutzen ihre Schlafstätte mit Urin und Kot. Zweimal wöchentlich die Schutzhütte komplett ausmisten und mit Zeitungspapier und frischer Einstreu versehen. Den Gehegeboden – je nach Beschaffenheit – wöchentlich ausrechen und frische Einstreu, beispielsweise unbehandelten Rindenmulch, einstreuen.

MEERSCHWEINCHEN-CHECK

Beobachten Sie alle Tiere täglich genau. Je früher Sie eine Auffälligkeit bemerken, desto besser sind die Heilungschancen. Darauf sollten Sie achten:
- **Sind alle Meeris munter** und erforschen neugierig ihre Umgebung?
- **Kommen alle Tiere** bei der Fütterung freudig angerannt?
- **Fressen** alle gleich gut und schnell?
- **Bewegen** sich alle Tiere normal?
- **Ist der Kot** normal geformt?
- **Gibt es keine kotverklebten** Stellen am After (→ Fliegenmaden, Seite 112)?

4

LECKER UND NAHRHAFT

Die Nahrung soll gesund sein, ausreichend Energie liefern und natürlich gut schmecken. Sie darf nicht einseitig sein und auch nicht dick machen. Wie also sieht der ausgewogene, abwechslungsreiche Meerschweinchen-Speiseplan aus? Die Antwort darauf finden Sie in diesem Kapitel.

Meerschweinchen sind Vegetarier

Meerschweinchen brauchen rohfaserreiche Pflanzenkost. Ihr gesamtes Verdauungssystem ist auf pflanzliche Nahrung programmiert. Mit einem Fleisch- oder Wursthäppchen kann man ihnen also keinen Gefallen tun.

Im Laufe von Millionen Jahren hat sich eine Tierart an das Futterangebot, das ihr die Umwelt bietet, angepasst. Löwen fressen Fleisch, Seehunde Fisch, Meerschweinchen Pflanzen und wir Menschen alles, nämlich Fleisch, Fisch und Pflanzen. Damit ist garantiert, dass die unterschiedlichsten Lebewesen alle Nahrungsressourcen nützen können.

BESONDERHEITEN

Mit der Futteranpassung haben sich gleichzeitig die inneren Organe angepasst. Der Darm eines Fleischfressers ist zum Beispiel wesentlich kürzer als der eines Pflanzenfressers. Der Meerschweinchendarm hat eine Länge von fast 2,5 Metern, und das bei einer Körpergröße von nur etwa 30 Zentimetern. Der Darm des Menschen ist etwa 6 Meter lang, bei einer ungefähren Durchschnittsgröße von 1,70 Metern. Auch der Magen des Meerschweinchens ist im Vergleich riesig. Er hat ein Fassungsvermögen von 20 bis 30 Millilitern, was in etwa einem Schnapsglas Flüssigkeit entspricht. Setzt man das Gewicht eines Wildmeerschweinches von nur 600 Gramm ins Verhältnis, nimmt der Magen also einen großen Teil des Körpers ein. Unser Magen dagegen hat ein Fassungsvermögen von 1,5 bis 2 Litern bei einem ungefähren Gewicht von 70 Kilo. Und woher wissen wir, welche Kost unseren Meerschweinchen guttut? Antwort geben die Ahnen, die Wildmeerschweinchen. Ihr Speiseplan ist die Richtschnur für den Futterplan unserer Hausmeerschweinchen.

Karges Futterangebot

Dort, wo Wildmeerschweinchen leben, ist das Nahrungsangebot weder üppig noch abwechslungsreich. Sie ernähren sich vor allem von Gräsern und Pflanzen mit einem hohen Rohfaseranteil – beides keine Kalorienbomben. Um jedoch an die nötige Energie zu kommen, müssen die Kerlchen ständig auf der Suche nach Futter sein. Sie fressen permanent kleine Portionen. Im Gegensatz dazu verfolgen etwa Löwen eine ganz andere Ernährungsstrategie. Bei einem Jagderfolg fressen sie 20 Kilogramm Fleisch auf einmal, und ihr Hunger ist dann für mehrere Tage gestillt. Beide Strategien sind in den Genen verankert, und jede für sich ist erfolgreich.

Besonderheiten

Wie die Nahrung verarbeitet wird

Das Gebiss des Meerschweinchens ist Schneide- und Mahlwerk zugleich. Mit den Schneidezähnen zerteilt es die Pflanze in mundgerechte Teile und zermahlt sie auf den Kauflächen der Backenzähne. Im Mund wird die Nahrung eingespeichelt und anschließend verschluckt. Im Magen bleibt sie zunächst liegen, denn die sehr **schwache Magenmuskulatur** des kleinen Nagers kann den Nahrungsbrei weder weiter zerkleinern noch weitertransportieren. Erst wenn wieder Futter von oben nachkommt, wird der Brei in den Dünndarm geschoben. Im **Dünndarm** finden die eigentlichen Verdauungsvorgänge statt. Fette, Kohlenhydrate und Eiweiß werden mithilfe von Gallenflüssigkeit, der Leber und Sekret aus der **Bauchspeicheldrüse** zerlegt. Schwer verdauliche Pflanzenteile werden im **Dickdarm** von Mikroorganismen und Bakterien zersetzt. Vom Dickdarm zweigt der große **Blinddarm** ab, der – typisch Pflanzenfresser – fast ein Drittel des Verdauungstraktes einnimmt. Hier bildet sich aus noch nicht aufgeschlossenen ballaststoffreichen Pflanzenteilen der nährstoffreiche **Blinddarmkot**. Dieser feucht glänzende und traubenförmige Weichkot ist reich an Eiweißen, lebenswichtigen Vitaminen, speziell Vitamin B, und anderen Stoffen. Die Meerschweinchen nehmen die »Vitaminpille« direkt vom After auf und verwerten sie so noch einmal. Im **Enddarm** bilden sich die eigentlichen, trockenen Kotbällchen, die dann ausgeschieden werden.
Hinweis: Meerschweinchen müssen also ständig fressen, damit die Nahrung vom Magen in den Darm geschoben wird und die Darmbewegungen (Peristaltik)

Knabberkost wie Zweige und auch Heu sorgen dafür, dass die Zähne nicht zu lang werden. Beides bietet außerdem stundenlange Beschäftigung.

> **TIPP**
>
> **Kleine Futterportionen**
> Meerschweinchen futtern tagsüber viele kleine Portionen. Es macht deshalb wenig Sinn, die Tiere nur einmal täglich mit einer großen Futterration zu versorgen. Verteilen Sie besser mehrere kleine Futterportionen über den Tag.

aufrechterhalten werden. Das heißt aber auch: Zu dicke Meerschweinchen dürfen niemals hungern, um abzunehmen!

HEU, HEU UND NOCHMALS HEU

Hochwertiges Heu (getrocknetes Gras) ist das wichtigste Nahrungmittel für Meerschweinchen. Sein Anteil sollte bei etwa 70 Prozent liegen. Heu muss immer in ausreichender Menge vorhanden sein. Aus dem Heu beziehen die Tiere einerseits Rohfasermaterial, das die Verdauung in Gang hält. Andererseits nützen sich die Zähne der kleinen Nager, die ein Leben lang nachwachsen, durch das Kauen auf natürliche Weise ab. Heu macht nicht dick und kann immer gefressen werden. Und es ist eine ideale Diätkost bei Magen-Darm-Problemen. Außerdem sorgt es für stundenlange Beschäftigung. Sehr gern fressen Meerschweinchen Klee- und Luzerneheu, aber auch Bohnen- und Erbsenstroh (getrocknete Teile der Erbsen- und Bohnenpflanze ohne Früchte und Wurzeln). Neben Gras sollte das Heu auch verschiedene Wiesenkräuter enthalten, die wichtige Mineralstoffe liefern. Achten Sie darauf, dass auf dem Verpackungsaufdruck der Kräuteranteil ausgewiesen ist. Außerdem darf das Heu natürlich nicht überaltert sein. Ich kaufe meist Alpen-Wiesenheu oder Bio-Wiesenheu, um meinen Tieren viele verschiedene Pflanzen anzubieten.

Wie erkennen Sie gutes Heu?

Heu sollte Ihren Meerschweinchen Tag und Nacht zur Verfügung stehen. So erkennen Sie eine gute Qualität:

- **Das Heu enthält** verschiedene Grassorten, Blüten und Wiesenkräuter. Damit hat es einen hohen Nährwert, weil wichtige Mineralstoffe enthalten sind.
- **Gutes Heu riecht** angenehm würzig und nicht muffig.
- **Die Farbe des Heus** muss grünlich sein, keinesfalls grau oder gelb.
- **Das Heu sollte grob** und nicht bereits zerfallen sein.
- **Die Wiese,** von der das Heu stammt, darf nicht gedüngt worden sein.
- **Das Heu darf keine Erde,** Exkremente, Schimmel und Giftpflanzen (→ App-Inhalt, Seite 101) enthalten.

Alle diese Kriterien erfüllt Heu aus dem Zoofachhandel. Inzwischen gibt es viele spezielle Heumischungen, zum Beispiel angereichert mit Apfelscheiben, Löwenzahn, Blüten oder bestimmten Kräutern. Sogar einzelne getrocknete Kräuter kann man kaufen und sie unter das Heu mischen. Wenn Sie eine größere Gruppe Meerschweinchen pflegen, können Sie beispielsweise auch Kontakt zu einem Biobauern aufnehmen und sich dort Heu in größeren Mengen besorgen.

Den Energietank mit Nährstoffen füllen

Heu allein reicht nicht aus, um den Energiebedarf eines Meerschweinchens zu decken. Die kleinen Nager brauchen zusätzlich pflanzliches Eiweiß, Fette, Kohlenhydrate, Mineralien und Vitamine.

Das Grundnahrungsmittel des Meerschweinchens ist Heu, keine Frage. Heu ist getrocknetes Gras, und im Trockengras sind bereits viele Nährstoffe abgebaut. Welche Nahrungsbausteine sind also noch wichtig für die putzigen Kerlchen?

EIWEISS

Eiweiß ist nicht nur Energielieferant, sondern auch bei der Erneuerung unseres Körpers von großer Bedeutung. Wenn Sie sich im Spiegel betrachten und dies in einem Monat wiederholen, sind fast alle Hautzellen durch neue ersetzt worden. Wenige alte Zellen haben überlebt. Ständig werden neue Zellen im ganzen Körper gebildet. Dazu brauchen sie Eiweiße, die ein wichtiger Bestandteil der Zellmembranen sind. Eine Zellmembran ist die Abgrenzung einer Zelle. Zelltod und Geburt der Zellen finden immer wieder statt. Dies ist ein allgemeines biologisches Prinzip und gilt selbstverständlich auch für Meerschweinchen. Eine zu geringe Menge an Eiweiß führt zu Mangelerkrankungen oder zum Tod. Warum hat ein Mangel an Eiweiß so gravierende Folgen? Ganz einfach, Muskeln bestehen größtenteils aus Eiweiß. Auch die Muskelpakete Ihrer kleinen Haustiere sind »Eiweißpakete«. Die Produktion von eiweißreichem Blinddarmkot ist deshalb ein raffinierter Trick der Natur, um Tieren, die in einer kargen Umgebung leben, eine einzigartige Eiweißquelle zu erschließen (→ Seite 85).

Vitaminbombe. Viel Vitamin C schützt auch Meeris vor Infektionskrankheiten.

Doch allein der Blinddarmkot reicht nicht für eine ausreichende Eiweißversorgung. Wie viel Eiweiß benötigt ein Meerschweinchen, um seinen Körper zu erhalten? Wissenschaftler empfehlen 14 bis 18 Prozent Roheiweiß pro Gesamttagesration. Folgende Samen und Futterpflanzen enthalten pflanzliches Eiweiß:

- **Sonnenblumensamen.**
- **Leinsamen.** Er enthält allerdings auch sehr viel Fett. Zu viel davon macht dick.
- **Hülsenfrüchte** wie etwa Soja und Erdnüsse.
- **Getreidekörner.**
- **Wiesenheu und anderes Grünfutter.**

Tipp: Die Tierärztin und Autorin Dr. Ilse Hamel empfiehlt als zusätzliche Eiweißquelle Futterhefe. Die Hefe hat einen Eiweißgehalt von 44 bis 50 Prozent und eine Verdaulichkeit von bis zu 90 Prozent.

KOHLENHYDRATE

Kohlenhydrate benötigen Meerschweinchen, um Energie zu gewinnen und zum Aufbau und Erhalt des Körpers. Zu den bekanntesten Kohlenhydraten gehören Stärke und Zucker. Sie sind etwa in Brot und Süßigkeiten enthalten und gelten zu Recht als Dickmacher. Pflanzenfresser wie die Meerschweinchen haben im Gegensatz zu vielen anderen Tieren und auch zu uns einen großen Kohlenhydratspeicher zur Verfügung: die Zellulose. Aus Zellulose bauen die Pflanzen ihre Zellwände. Der Organismus eines Pflanzenfressers ist mithilfe von Mikroorganismen und Bakterien in der Lage, Zellulose zu Zucker abzubauen. Ohne diese Fähigkeit würde ein Meerschweinchen verhungern. Zellulose ist in allen Pflanzen enthalten.

FETTE

Eiweiße, Kohlenhydrate und Fette sind die Grundlage einer gesunden Ernährung. Dieses Trio liefert dem Körper die nötige Energie. Der jeweilige Anteil der einzelnen Nahrungsbausteine, den ein Tier braucht, ist jedoch von Tierart zu Tierart verschieden. Eisbären und Robben etwa benötigen viel Fett, Meerschweinchen dagegen vor allem Kohlenhydrate. Die geringe Menge an Fett, die ein Meeri braucht, bekommt es im Frühjahr und Sommer von den Grünpflanzen. Im Winter können Sie Hülsenfrüchte, Sonnenblumenkerne und Mais dazufüttern.

Hinweis: Ein Gramm Fett liefert die doppelte Menge an Kalorien wie Kohlenhydrate oder Eiweiß. Meerschweinchen neigen zu Übergewicht, darum füttern Sie am besten wenig fettreiche Nahrung wie knackige Frischkost.

MINERALIEN

Mineralien sind Salze der verschiedensten Metalle wie etwa Kupfer, Eisen, Blei oder Natrium. Diese lebenswichtigen, anorganischen Nährstoffe kann der Körper nicht selbst herstellen, sondern sie müssen ihm mit der Nahrung zugeführt werden. Der Organismus nimmt dann diese Salze, etwa Natriumchlorid, auf. Alle Lebewesen brauchen Mineralien, die vielseitige Aufgaben erfüllen. Für Meerschweinchen ist eine ausgeglichene Mineralstoffzufuhr wichtig. Sie ist abhängig von der Art des Futtermittels und seiner Verabreichung. Zu viele Kalziummineralien sollten Meerschweinchen nicht fressen, denn das kann zu Verdauungsproblemen führen. Viele

Vitamine

Während das eine noch mit halb geschlossenen Augen genüsslich futtert, hat das andere Durst.

Nach all der Trockennahrung kann man sich am nahe gelegenen Wassernapf satt trinken.

Kalziumsalze enthalten beispielsweise Brokkoli, Kohlrabiblätter, Brunnenkresse, Spinat und Petersilie. Ausreichend Natriumsalze bekommen Ihre Tiere, wenn Sie sie nach meinen Empfehlungen füttern.
Hinweis: Auf den beliebten Salzleckstein können Meerschweinchen verzichten.

VITAMINE

Der Organismus des Menschen, des Affen und des Meerschweinchens ist nicht in der Lage, **Vitamin C** selbst herzustellen. Es muss über die Nahrung beziehungsweise das Futter aufgenommen werden. Ein Mangel daran führt zu ernsthaften Erkrankungen. Ein Zuviel davon schadet nicht, denn es wird mit dem Urin ausgeschieden. Erwachsene Tiere sollten 10 Milligramm/Tag bekommen. Tragende Weibchen 20 Milligramm/Tag. In der Regel können die kleinen Nager ihren Vitamin-C-Bedarf durch eine ausgewogene und abwechslungsreiche Frischkost decken. Vor allem im Winter, wenn Frischfutter knapp ist, sollten Sie eine Prise Vitamin-C-Pulver (aus der Drogerie oder Apotheke) zum Futter geben. Zu den Top 20 der Vitamin-C-reichsten Nahrungsmittel gehören Hagebutten, gefolgt von Brennnesseln, Petersilie, Paprika, Brokkoli, Fenchel, Kiwi, Kohlrabi, Erdbeeren, Weißkohl, Klee, Spinat, Feldsalat, Löwenzahn, Mais, Möhren, Chicorée, Endivie, Gurke und Eisbergsalat.

Vitamin A ist reichlich in Karotten enthalten. Mit Multivitamin-Präparaten bin ich vorsichtig. Sie enthalten nämlich auch **Vitamin D**, das nur über die Nieren ausgeschieden werden kann. Eine Überdosierung von Vitamin D kann zu Harnsteinbildung führen. Bei ausreichender Grünfutterversorgung wird der Bedarf an unterschiedlichen Vitaminen gedeckt.

LECKER UND NAHRHAFT

Leckerbissen, die gesund und fit halten

Möhren
Man kann sie auch mit dem Grün verfüttern. Möhren enthalten viel Vitamin A.

Petersilie
Enthält viel Vitamin C, aber auch Kaliumsalze. Deshalb sparsam füttern.

Löwenzahn
Kann samt Blüten und Wurzel verfüttert werden.

Paprika
Er ist vitamin- und mineralienreich. Strunk besser entfernen.

Saftig und knackig ist Trumpf

Heu muss den Meerschweinchen rund um die Uhr zur Verfügung stehen. Aber auch Frischfutter gehört auf ihren Speiseplan. Und davon können wir den kleinen Nagern Abwechslungsreiches bieten.

Während Wildmeerschweinchen in ihrer Heimat mit einem bescheidenen Futterangebot auskommen müssen, leben Hausmeerschweinchen bei uns sozusagen im Schlaraffenland. Das ganze Jahr über stehen frische Kräuter, Gemüse, Salat und Obst zur Verfügung, und von Frühling bis Herbst gibt es leckere Gräser und Blumen.

FRISCHE GRÄSER, BLUMEN UND WILDPFLANZEN

Grünfutter von einer ungedüngten Wiese mit verschiedenen Gräsern, Wildpflanzen und Blumen ist ab Frühjahr der Hit bei den kleinen Pelztieren und kommt ihrer natürlichen Ernährungsweise am nächsten. Es enthält neben pflanzlichem Eiweiß auch Öle, Vitamine und Spurenelemente. Doch Vorsicht, in jungen Pflanzen ist der Nährstoffgehalt größer als in älteren Pflanzen. Bei alten Pflanzen nimmt der Anteil an Zellulose zu – sie verholzen. Frühjahrsgras enthält sehr viel Eiweiß und wenig Rohfasermaterial. Das kann zu Verdauungsstörungen bei den Tieren führen. Gewöhnen Sie die Meerschweinchen deshalb zu Beginn der Saison langsam an die saftige Versuchung. Stellen Sie beispielsweis das Sommergehege nur zur Hälfte auf eine frische Wiese (→ Futterumstellung, Seite 95).

Welche **Wildpflanzen** sind geeignet?

- **Ackerminze:** Regt die Durchblutung an und wirkt krampflösend.
- **Breitwegerich:** Die Pflanze beugt Entzündungen vor.
- **Brennnessel:** Sie sind Vitamin-C- und eiweißreich. Bieten Sie sie am besten getrocknet an.
- **Giersch:** Er soll entgiftend wirken.
- **Huflattich:** Die Heilpflanze wirkt schleimlösend auf die Atemwege.
- **Kamille:** Die Heilpflanze wirkt positiv auf Verdauung und Atemwege.
- **Löwenzahn:** Er enthält viel Eiweiß und Kalzium. Wegen des Kalziumgehalts nicht zu viel davon geben.
- **Schafgarbe:** Der Heilpflanze beugt Verdauungsbeschwerden vor und wirkt entzündungshemmend.
- **Spitzwegerich:** Die Heilpflanze beugt Entzündungen vor.
- **Vogelmiere:** Sie hat einen hohen Vitamin-C-Gehalt und gilt als schmerzlindernde Heilpflanze.

Auch **Blumen** entsprechen dem Geschmack der kleinen Gesellen. Folgende stehen ganz oben auf ihrer Genussliste:
- **Gänseblümchen:** Die gesamte Pflanze wird gern frisch gefuttert.
- **Hibiskus:** Blätter und Blüten können frisch oder getrocknet gefüttert werden.
- **Kornblume:** Sie ist inzwischen selten geworden. Alle Pflanzenteile sind für die Meeris bekömmlich.
- **Ringelblume:** Die Pflanze beruhigt und fördert die Wundheilung.
- **Sonnenblume:** Meerschweinchen lieben Blätter und Blüte, doch die Kerne enthalten sehr viel Fett.

Manche Meerschweinchen entwickeln besondere Vorlieben für die ein oder andere Pflanze. Das spricht natürlich gegen eine ausgewogene Ernährung. Wenn Sie dies feststellen, dann füttern Sie die betreffende Pflanze einfach ein paar Tage hintereinander nicht mehr.

Achtung: Frisch gemähtes Rasengras darf keinesfalls an die Meerschweinchen verfüttert werden. Es verursacht Magen-Darm-Probleme durch Aufgasung mit heftigsten Bauchschmerzen und Vergiftungserscheinungen bis hin zum Tod.

FUTTER SELBST SAMMELN

Wer Zeit und Lust hat, kann Grünfutter für seine Meerschweinchen selbst sammeln. Informieren Sie sich jedoch vorher darüber, welche Pflanzen giftig sind. Dazu gibt es das Internet und Naturführer (→ auch App-Inhalt, Seite 101). Unsere Hausmeerschweinchen können nicht mehr unterscheiden, was giftig und ungiftig ist. Sie müssen darauf vertrauen, dass das angebotene Futter bekömmlich ist.

Ein knorriges Aststück zum Anknabbern. Das hält die Zähne in Form, massiert das Zahnfleisch und sorgt für Beschäftigung.

Ungeeignete Sammelplätze sind schadstoffbelastete Straßenränder, Wiesen, die als Hundespielplatz dienen, und Flächen, wo Herbizide und Pestizide eingesetzt wurden. Häufig werden auch Feldränder beim Düngen des Feldes nicht ausgespart. Wo also kann man Futter sammeln?

Geeignete Sammelplätze sind zum Beispiel naturbelassene Wiesen, Waldränder, alte Friedhöfe, verwilderte und unbebaute Grundstücke. Kinderspielplätze sind oft eingezäunt und somit vor Verunreinigungen durch Hunde sicher.

LECKER UND NAHRHAFT

Das hält die Zähne in Form

Meeri-Zähne wachsen ein Leben lang pro Monat um etwa 5 bis 6 mm. Überlange Zähne behindern beim Fressen und müssen vom Tierarzt gekürzt werden. Festes Futter reguliert das Zahnwachstum. Geeignet sind Zweige wie Apfel und Haselnuss sowie hin und wieder hartes Brot (→ Seite 99).

Wintermix

Im Winter brauchen Meerschweinchen im Außengehege energiereiches Futter. Sie müssen sich viel bewegen, um ihre Körperwärme aufrechtzuerhalten. Das kostet Energie. Gut geeignet sind: Steckrüben, Fenchelknollen, Topinambur, Kohlrabi, Pastinaken, Mangold, Stangen- und Knollensellerie, Blumenkohl, Karotten und Zucchini. Bei Minusgraden wird Frischfutter schnell zu Tiefkühlkost, deshalb mehrere kleine Portionen über den Tag verteilt füttern.

Vitamin C für die Stärkung des Immunsystems

Vitamin-C-Mangel kann zu ernsthaften Erkrankungen führen. Versorgen Sie Ihre Meerschweinchen deshalb mit Vitamin-C-haltigen Nahrungsmitteln, um ihr Immunsystem zu stärken. Viel Vitamin C enthalten zum Beispiel Johannisbeeren, Paprika, Brokkoli, Fenchel, Erdbeeren, Kiwis, Hagebutten, getrocknete Brennnesseln und Petersilie (→ Seite 89).

Gemüse, Kräuter und Obst

Obst, Gemüse und Kräuter gibt es bei uns rund ums Jahr zu kaufen, sodass es auch Stadtbewohnern nicht schwerfällt, ihre Meeris mit gesunder Frischkost zu versorgen. Alle großen Supermärkte bieten heutzutage Bioware an, die zwar etwas teurer ist, dafür aber weniger oder keine Pestizid- oder Düngerrückstände enthält. Das sollten Ihnen Ihre putzigen Nager wert sein. Vielleicht haben Sie einen eigenen Garten, der von Frühjahr bis Herbst Schmackhaftes für Ihre Tiere zu bieten hat. Was ist für Meeris geeignet?

Gemüse: Aubergine (reife Frucht), Blumenkohl (auch Blätter), Brokkoli, Fenchel (Knollen und Grün), Grünkohl, Gurken, Karotten (mit Grün), Knollen- und Stangensellerie (mit Blättern), Kohlrabi (auch Blätter), Maiskolben (kalorienreich), Mangold (wenig), Paprika (ohne Strunk), Pastinaken, Petersilienwurzel, Portulak, Speisekürbis, Steckrübe, Tomate (ohne Grün) und Zucchini.

Salat: Chicorée, Eisbergsalat, Endivien, Feldsalat, Kopfsalat, Romanesco, Römersalat, Rucola (wenig) und Feldsalat.

Zum Teil giftig oder unverträglich sind rohe Bohnen, grüne Tomaten, rohe Kartoffeln samt Kraut und Lauchgewächse.

Kräuter: Basilikum, Bohnenkraut, Borretsch, Brunnenkresse (kleine Mengen), Dill, Majoran, Melisse, Oregano, Petersilie, Pfefferminzblätter, Salbei, Thymian (kleine Mengen).

Obst: Äpfel (ohne Kerne), Bananen, Brombeeren, Birnen, Erdbeeren, Hagebutten, Heidelbeeren (mit Blättern und Zweigen), Himbeeren, Johannisbeeren (mit Blättern und Zweigen), Kiwis, Trauben, Wassermelone, Zuckermelone.

Hinweis: Bieten Sie Ihren Tieren Obst nicht in größeren Mengen, sondern nur als kleine Leckerbissen an, denn Obst enthält viel Fruchtzucker. Die Mitglieder meiner kleinen Meerschweinchen-Truppe naschen nur ab und zu eine Apfel- oder Birnenspalte. Manche Meerschweinchen mögen überhaupt kein Obst.

ZUSATZWISSEN

Futterumstellung

Meerschweinchen vertragen keine abrupten Futterumstellungen. Wenn die Tiere bei Ihnen einziehen, füttern Sie sie zunächst so weiter, wie sie es gewöhnt sind, selbst dann, wenn sie ausschließlich Fertigfutter bekommen haben. Stellen Sie die Ernährung im Lauf von 3 bis 4 Wochen um. Reduzieren Sie das Fertigfutter nach und nach. Geben Sie anfangs nur ein paar Grashalme oder ein wenig Löwenzahn dazu. Vertragen die Meeris alles gut, gibt es täglich größere Frischfutterrationen und weniger Fertigfutter. Auch neue Gemüse- und Obstarten anfangs nur in Miniportionen anbieten.

LECKER UND NAHRHAFT

Auf Entdeckertour: Beim Futtern

Unbekannte Düfte
Legen Sie kleine Sisalbälle für 2 Tage in ein Glas mit getrockneten Kräutern wie etwa Basilikum, Salbei oder Kamille und bestücken Sie sie mit ein wenig Heu. Wie reagieren Ihre Tiere auf die verschiedenen Düfte? Sie werden feststellen, dass die Reaktionen unterschiedlich sind. Manche gehen beherzt auf die Kugel zu, beschnuppern sie, bringen sie mit einer Kopfbewegung ins Rollen und fischen sich einen Heuhalm. Andere erschrecken kurz, wenn sich die Kugel dreht. Doch die Neugierde ist bei allen geweckt.

Wo ein Wille ist, gibt es einen Weg
Um von dem leckeren Golliwoog zu naschen, stellt sich dieses Meerschweinchen auf die Hinterbeine. Im Alltag betteln die kleinen Nager in dieser Stellung um Futter, oder sie schnuppern in die Luft, wobei sie sich gleichzeitig ein wenig um ihre eigene Achse drehen. Im Allgemeinen gewinnen die putzigen Gesellen – im Gegensatz zu anderen Nagern – jedoch keinen Preis in Sachen Geschicklichkeit und Klettern. Ihr Körperbau ist vor allem auf das Rennen in der Grassteppe angepasst. Aber auf ihren Hinterbeinen können sie gut stehen.

Auf Entdeckertour

Nicht alle mögen Obst

Meeris müssen Vitamin C über die Nahrung aufnehmen. Vitamin-C-haltiges Obst gehört eigentlich nicht zum Speiseplan der Tiere, denn in ihrem Lebensraum kommt es nicht vor. Hausmeerschweinchen dagegen lernen, Obst zu genießen. Welches Ihrer Tiere frisst Obst, und wie lange dauert es, bis alle auf den Geschmack kommen?

Eltern-TIPP

Leckere Tannenzapfen

In der Natur müssen sich die Tiere ihr Futter suchen. Das ist oft anstrengend, erfordert Durchhaltevermögen und Cleverness. Doch diese Arbeit sorgt auch für Beschäftigung und Ausgleich. Meerschweinchen lieben es beispielsweise, aus trockenen Tannenzapfen Leckerli zu angeln. Lassen Sie Ihr Kind einige Zapfen entsprechend präparieren. Welches der Meerschweinchen ist das geschickteste?

Verführung pur

Setzt das Meerschweinchen seine Vorderpfötchen ein, um an die Sonnenblumenkerne zu kommen? Die Kerne werden sehr gern gefressen, enthalten aber viel Fett und machen dick. Füttern Sie deshalb solche Kalorienbomben äußerst sparsam. Vergessen Sie nicht die wöchentliche Gewichtskontrolle der Tiere, denn Übergewicht macht krank und verkürzt die Lebensdauer.

Fertigfutter, Leckereien und etwas zum Knabbern

Glücklicherweise weiß man heute mehr über die gesunde Ernährung von Meerschweinchen als noch vor wenigen Jahren. Demnach brauchen Meeris kein Fertigfutter, wenn sie gutes Heu, Grün- und Saftfutter bekommen.

Dennoch ist **Fertigfutter**, gerade für berufstätige Halter, eine bequeme Sache. Heutzutage gibt es durchaus hochwertige Trockenfuttermischungen. Allerdings kann ich sie **nicht als Alleinfutter** empfehlen, sondern nur zusäzlich zur täglichen Heuration, zu Saftfutter und Knabberkost. Achten Sie beim Kauf von Fertigfutter auf die Inhaltsangaben. Ist der Anteil von Getreidekörnern (Weizen, Roggen, Hafer) sowie Mais und fettigen Sämereien wie Sonnenblumenkerne und Nüsse hoch, lassen Sie die Finger davon. Das macht vor allem dick. Weizen-, Hafer- und Maiskörner werden billig auf den Weltmärkten eingekauft und von großen Futtermittelherstellern ansehnlich »verarbeitet«, indem man Teile einfärbt und das Ganze attraktiv verpackt. Werden die Nager ausschließlich mit diesem Futter ernährt, führt dies über kurz oder lang zu Zahnproblemen, Durchfall und Leberverfettung – um nur einige Folgen zu nennen. **Hochwertiges Fertigfutter** hat einen hohen Rohfasergehalt (18 Prozent) und einen geringen Fett- und Proteingehalt. Es enthält vor allem getrocknete Gräser, Kräuter und Gemüse.

ZUM VERWÖHNEN

Wer möchte nicht seine vierbeinigen Lieblinge ab und zu mit etwas Besonderem verwöhnen? Es gibt uns ein gutes Gefühl, den Tieren auf diese Weise unsere Zuneigung zu zeigen. Kleine, bunte Snacks in

> **Eltern-TIPP**
>
> **Kräuter trocknen**
> Getrocknete Kräuter sind gesunde Leckerbissen. Ernten und trocknen Sie Kräuter zusammen mit Ihrem Kind. Gut zum Trocknen eignen sich etwa Pfefferminze, Majoran, Oregano, Salbei und Thymian. Kräuter vor der Blüte ernten, waschen und zu kleinen Bündeln zusammenbinden und sie kopfüber etwa 3 bis 4 Tage an einem warmen, windgeschützten, schattigen Platz trocknen lassen.

FUTTERTABELLE FÜR MEERSCHWEINCHEN

Dieser Futterplan bezieht sich auf ein erwachsenes, gesundes, etwa 1 kg schweres Meerschweinchen, das in der Wohnung bzw. im Sommergehege lebt. Füttern Sie 3-mal täglich: morgens, mittags und abends. Berufstätige füttern 2-mal täglich: morgens und abends. Bei ganzjähriger Außenhaltung brauchen die kleinen Nager im Winter eine energiereiche Kost (→ Seite 94).

Morgens	Frisches Heu. Heu muss rund um die Uhr zur Verfügung stehen.
Mittags	Eine Handvoll Gräser/Wildpflanzen (→ Seite 94), etwa 100 g Gemüse/Salat/Kräuter wie Gurke, Möhre, Brokkoli, Fenchel, Paprika, Eisbergsalat, Chicorée, Endivie, Basilikum, wenig Petersilie (→ Seite 95).
Abends	Etwa 50 g Grünfutter/Gemüse/Salat/Kräuter, 1 Esslöffel Trockenfutter oder 100 g Grünfutter/Gemüse/Salat/Kräuter (kein Trockenfutter).
Knabberkost	Zweige mit Blättern und Blüten und ab und zu hartes Brot (→ unten) müssen immer zur Verfügung stehen.
Leckerli	Heuglocke aus gepresstem Heu, getrocknete Kräuter, Obst (→ Seite 95), Sonnenblumenkerne, Erbsenflocken.

Genauere Mengenangaben sind nicht möglich, da der Tagesbedarf von der Größe des Meerschweinchens und seinen Aktivitäten abhängt.

Herzform oder als Knabberstange suggerieren uns, den geliebten Meeris etwas Gutes und Gesundes zu geben. Leider ist das Gegenteil der Fall. Zu viel davon bringt das Verdauungssystem durcheinander und sorgt für Fettpolster. Doch es gibt auch Empfehlenswertes. Getrocknetes Gemüse zum Beispiel wird gern gefressen. Auch Heuglocken aus gepresstem Heu, trockenen Blüten, Kräutern und Gemüse stehen hoch im Kurs. Sonnenblumenkerne und Erbsenflocken sind unbedenklich, jedoch kleine Kalorienbomben.

GUT FÜR DIE ZÄHNE

Knabberkost sorgt zwar nicht für den wichtigen Zahnabrieb wie Heu, doch es hält die Schneidezähne kurz und in Form. Außerdem enthält die Rinde von Zweigen wichtige Nährstoffe und sorgt für Unterhaltung. **Geeignet** sind Zweige von Apfel, Birne, Haselnuss, Fichte (Rottanne), Erle, Birke, Buche, Pappel, Ahorn, Linde, Esche und Weide. **Giftig** sind Eibe, Eiche, Forsythie, Kastanie und Thuja (→ App-Inhalt, Seite 101).

Was für die Ernährung noch wichtig ist

Das richtige Getränk für die Tiere ist ebenso ein Thema wie das Vorbereiten des Futters, die Fütterungszeiten und die richtige Futtermenge. Und nicht zuletzt steht die regelmäßige Gewichtskontrolle auf dem Plan.

Wasser ist das **richtige Getränk** für die Meeris. Werden die Tiere vowiegend mit Saftfutter gefüttert, trinken sie täglich etwa 100 Milliliter, ansonsten etwa 250 bis 1000 Milliliter. Der Wassernapf oder die Nippeltränke müssen jeden Tag gesäubert und mit frischem Wasser gefüllt werden.

FÜTTERN LEICHT GEMACHT

Ebenso sorgfältig, wie Sie Ihre Mahlzeiten vorbereiten, sollten Sie dies auch für Ihre Meerschweinchen tun. Folgendes ist dabei zu beachten:

WICHTIG

Vitamin-C-Versorgung
An dieser Stelle möchte ich Sie nochmals auf die lebenswichtige Vitamin-C-Versorgung der kleinen Nager hinweisen, denn sie sind nicht in der Lage, dieses Vitamin selbst zu bilden (→ Seite 89).

Frisch und knackig muss das Frischfutter sein. Es darf nicht welk, verschimmelt oder gefroren angeboten werden.
Der Mix ist bei der Frischfutter-Ernährung wichtig. Füttern Sie mehrere Sorten. Einseitige Kost kann Mangelerscheinungen und Verdauungsprobleme hervorrufen. Das gilt auch für die Knabberkost.
Frischfutterreste entfernen, sobald die Tiere aufhören zu fressen. Bleibt viel übrig, kommt der Rest gut verschlossen in eine Plastiktüte in den Kühlschrank.
Trockenkräuter bewahrt man am besten in einer Blechdose auf. Hier bekommen sie Luft und bleiben aromatisch.
Heu aus der Plastikverpackung nehmen und besser in Baumwoll- oder Jutesäcken aufbewahren, damit es nicht schimmelt. Für kleinere Mengen eignet sich zum Beispiel ein alter Kopfkissenbezug.
Futterumstellungen nur in kleinen Schritten vornehmen. Von neuen Obst- oder Gemüseangeboten zunächst nur Miniportionen anbieten. Im Frühjahr vorsichtig mit frischem Grünfutter von draußen beginnen. Die trockenen Kotkügelchen geben Auskunft darüber, dass das Futter vertragen wird.

Fütterungszeit ist bei mir dreimal täglich, nämlich morgens, mittags und abends. Am Morgen gibt es frisches Heu, gegen Mittag Grün- und Saftfutter und am Abend etwas Trockenfutter. Mit diesem Zeitplan fahre ich seit vielen Jahren bestens. Meine Tiere sind gesund und fit. Berufstätige können ihre Tiere aber durchaus auch zweimal am Tag füttern. Morgens gibt es frisches Heu, abends Saftfutter und ein wenig Trockenfutter.

Futtermengenangaben sind schwierig zu verallgemeinern. Sie hängen von Fütterungsart, Inhaltsstoffen und vom Energieverbrauch des einzelnen Tieres ab – ob es sich im Wachstum befindet, trächtig ist, krank war, alt oder untergewichtig ist, ganzjährig außen gehalten wird oder in der Wohnung lebt. Außerdem gibt es bei Meerschweinchen – ebenso wie bei uns – Individuen, die schneller Fett ansetzen als andere. Der Fütterungsplan auf Seite 99 entspricht in etwa dem Nahrungsbedarf eines ausgewachsenen, gesunden Tieres.

Fitnessgerät Futterkugel. Sie ist mit gesunden, saftigen Leckereien gefüllt und fordert eine gewisse Sportlichkeit.

WAS SAGT DIE WAAGE?

Das Gewicht des Meerschweinchens sagt viel über seine Gesundheit und sein Wohlbefinden aus. Gewichtsverluste können Ursache einer Krankheit oder eines Zahnproblems sein, aber auch von zu hohem Stress kommen. Stress kann sich aber auch in der Zunahme des Gewichts zeigen. Wiegen Sie das Tier auf der Küchenwaage, die Sie am besten auf den Boden stellen (→ Foto, Seite 108). Das Meerschweinchen darf nicht mehr als 30 bis 50 Gramm wöchentlich abnehmen. Stellen Sie dies über zwei Wochen fest, ist es höchste Zeit, den Tierarzt aufzusuchen.

TIPPS FÜR PUMMELCHEN

Ihr Meerschweinchen wird mehr und mehr zum Pummelchen? Dagegen müssen Sie etwas tun, denn Übergewicht verkürzt seine Lebenserwartung. Hungern darf das kleine Kerlchen jedoch nie! Überprüfen Sie zunächst, ob in der Gruppe alles in Ordnung ist. Streichen Sie fetthaltige Leckereien wie Sonnenblumenkerne und Nüsse vom Speiseplan. Animieren Sie Ihre Tiere, sich mehr zu bewegen, denn dann schmelzen die Fettpölsterchen. Anregungen dazu finden Sie ab Seite 132.

5

GESUND UND GEPFLEGT

Muntere Meerschweinchen mit einem schönen Fellkleid und glänzenden Augen sind der Stolz eines jeden Besitzers. Neben der artgerechten Haltung und Ernährung darf auch die Pflege der Schweinchen nicht zu kurz kommen. Und sollte doch einmal eines von ihnen erkranken, dann schnell ab zum Tierarzt …

GESUND UND GEPFLEGT

Proppere Schweinchen fühlen sich sauwohl

Das Gefühl, sauber und gepflegt zu sein, steigert unser Wohlbefinden. Auch Meerschweinchen empfinden vermutlich so. Bei der Pflege und Gesundheitskontrolle sind die kleinen Nager aber auf uns angewiesen.

In der Natur verbringt ein Tier den größten Teil seiner Zeit damit, sich gutes Futter zu besorgen und den Körper zu säubern. Das ist biologisches Pflichtprogramm. Da führt kein Weg dran vorbei. Heimtiere sind von der Pflege des Menschen abhängig. Sie können sich zum Beispiel im Innengehege nicht einfach im Schlamm suhlen, um sich von Parasiten zu befreien, wie es ihre wilden Vettern in der Natur tun. Die Körperpflege ist bei Meerschweinchen stark rasseabhängig. Langhaarige Meeris brauchen viel Pflege, Glatthaarige eher weniger. Aber ein Grundpflegeprogramm ist für alle Meerschweinchen erforderlich.

GENAU HINSCHAUEN

Beobachten Sie Ihre Meerschweinchen täglich genau (→ Meerschweinchen-Check, Seite 81). Fressen zum Beispiel alle gleich schnell? Tiere, denen es nicht gut geht, fressen oft nur langsam und kauen ungenügend. Die Folge: Die Zähne werden nicht genug abgenützt. Dadurch können sich unter anderem winzige scharfe Zahnspitzen bilden, die schmerzhafte Verletzungen im Mäulchen hervorrufen. Für Kontrolluntersuchungen müssen Sie das Tier regelmäßig in die Hand nehmen. Nur so können Sie auch Parasiten wie etwa die äußerst gefährlichen Fliegenmaden entdecken. Werden diese rechtzeitig bekämpft, ist das Leben eines befallenen Tieres vielleicht zu retten (→ Seite 112).

Vor jeder Putzaktion speichelt das Meeri zunächst seine Vorderpfötchen ein.

GEHT ES IHREN MEERIS GUT?

Sowohl an ihrem Aussehen, als auch an ihren Verhaltensweisen können Sie ablesen wie gut es Ihren Meerschweinchen geht.

		JA	NEIN
1.	Erkunden die Tiere neugierig und ausgiebig ihr Gehege?	☐	☐
2.	Haben die Meeris Kontakt zu Artgenossen?	☐	☐
3.	Halten die Meerschweinchen untereinander Lautkontakt?	☐	☐
4.	Bleibt das Körpergewicht konstant?	☐	☐
5.	Kommen die Tiere freudig ans Gitter, wenn Sie sie rufen?	☐	☐
6.	Putzt das Meerschweinchen sein Fell?	☐	☐
7.	Ist das Fell dicht und glänzend?	☐	☐
8.	Suchen die Meerschweinchen Kontakt zu Ihnen, indem sie Töne von sich geben?	☐	☐
9.	Lassen sich die Tiere gern von Ihnen kraulen?	☐	☐
10.	Sitzen sie oft mit Artgenossen nebeneinander?	☐	☐

Auflösung:
10-mal »Ja«: Glückwunsch! Ihre Tiere fühlen sich offenbar pudelwohl.
7- bis 9-mal »Ja«: Ihren Meeris geht es soweit gut, dennoch trübt irgendetwas das Meerschweinchenleben. Finden Sie heraus, was das sein könnte.
Weniger als 7-mal »Ja«: Optimieren Sie die Haltungsbedingungen.

KÖRPERPFLEGE

Unter Meerschweinchen gibt es keine soziale Fellpflege wie etwa bei Affen. Sie sind bei der Reinigung ihres Fells auf sich selbst gestellt. **Das Putzen** verläuft nach einem mehr oder weniger festen Ritual. Zuerst hebt das Schweinchen eine oder beide Vorderpfoten an das Mäulchen und beleckt sie, dann folgen Flanken und Rücken, und zuletzt beleckt es die Genitalregion. Ist der Schmutz hartnäckig, setzt es die Zähne ein. Mit dem Hinterfuß kratzt das Tier den Schmutz vom Kopf. Aber Meerschweinchen putzen sich nicht nur, um sich zu reinigen, sondern auch,

Langhaarige Meerschweinchen können ihr Fell nicht alleine in Schuss halten. Sie brauchen unsere Unterstützung.

KONTROLLMASSNAHMEN

Kontrollieren Sie regelmäßig Krallen, Zähne, Augen, Ohren, Nase, Haut, Fell und Gewicht Ihrer putzigen Pfleglinge (→ Seite 101 und Foto, Seite 108).
Wenn sich die **Krallen** nicht auf natürliche Weise abnutzen können, werden sie zu lang und behindern das Tier beim Laufen. Das verursacht Schmerzen. Sorgen Sie für verschiedene harte Untergründe, wie zum Beispiel ein oder mehrere Gehwegplatten im Gehege. Zu lange Krallen müssen unbedingt gekürzt werden. Lassen Sie sich das **Krallenschneiden** das erste Mal vom Tierarzt zeigen, denn in den Krallen verlaufen Blutgefäße, die nicht verletzt werden dürfen (→ Foto, Seite 109).
Regelmäßige **Zahninspektion** ist Pflicht. Nützen sich die ständig wachsenden Nagezähne beim Fressen nicht genügend ab, werden sie zu lang. Die Folge: Das Schweinchen sitzt vor dem gefüllten Futternapf, kann die Nahrung nicht mehr mit den Zähnen zerkleinern, nicht richtig kauen und schlucken. Es verliert an Gewicht und stirbt, wenn der Tierarzt die Zähne nicht kürzt. Rohfaserhaltiges Futter und Knabberkost beugen Zahnproblemen vor (→ Lecker und nahrhaft, ab Seite 82).
Verklebungen und Verschmutzungen an **Augen, Ohren und Nase** reinigen Sie am besten mit einem angewärmten feuchten Tuch. Ständig auftretende Verklebungen sind häufig erste Krankheitssymptome. Stellen Sie solch ein Tier dem Tierarzt vor.
Verklebtes Fell, insbesondere um den After, weist auf Durchfall hin. Auch hier wird mit einem angewärmten feuchten Tuch gereinigt. Durchfall kann verschiedene Ursachen haben. Tritt nicht innerhalb

wenn sie in einen Konflikt geraten, sich also in einer konkreten Situation nicht entscheiden können, was sie jetzt machen sollen. Zum Beispiel, wenn ein Meerschweinchen vor der Frage steht: Soll ich angreifen oder doch besser flüchten? Das Putzen im Konflikt nennen Verhaltensforscher **Übersprungverhalten**. Dieses Verhalten findet man nahezu bei allen Tieren, einschließlich des Menschen. Wir kratzen uns beispielsweise am Kopf oder spielen mit dem Kugelschreiber, wenn wir uns in einer Konfliktsituation befinden.

von zwei Tagen eine deutliche Besserung ein, sollten Sie das Meerschweinchen zum Tierarzt bringen. Kontrollieren Sie auch die **Haut** auf Parasiten und Wunden.
Hinweis: Verwenden Sie keine Kamillenlösung zum Reinigen des Tieres. Sie verursacht Haarausfall bei den Nagern.

DIE PFLEGE DES FELLS

Baden ist für die meisten Menschen ein Genuss, nicht so für Meerschweinchen. Sie sind eher wasserscheu und erkälten sich leicht. Ein medizinisches Bad, etwa nach einem Paristenbefall, sollte nur der Tierarzt anordnen. **Regenduschen** im Freigehege hingegen sind für die Schweinchen eine Wohltat. Sie befreien das Fell von Staub und Schmutz und massieren die Haut. Wenn die Meerschweinchen genug haben, suchen sie von selbst das Schutzhäuschen auf. Meine Bande genießt den Regen ungemein. Wann immer ich im Sommer die Gelegenheit habe, gönne ich ihnen diese Freude.

Glatthaar- und Rosettenschweinchen brauchen kaum Unterstützung bei der Fellpflege, obwohl auch manche die Massage mit einer weichen Bürste durchaus genießen. **Langhaarige Tiere** dagegen kommen ohne unsere Hilfe nicht aus. In der Natur könnten sie nicht überleben. Einmal oder mehrmals pro Woche sollten sie gekämmt und gebürstet werden. Verwenden Sie dazu eine weiche Bürste und einen weitzinkigen Kamm. Legen Sie zunächst ein angewärmtes Handtuch auf den Tisch oder Ihren Schoß und setzen Sie das Tier darauf. Fahren Sie mit der Hand von hinten über das gesamte Fell des Meeris. Ertasten Sie dabei eventuelle Hautveränderungen oder verfilzte Fellstellen. Zunächst das Fell in Wuchsrichtung kämmen und anschließend bürsten. Verfilzte Partien mit einem Trennmesser (Zoofachhandel) lösen. Sie sind ein Eldorado für Parasiten. Langhaarigen Tieren im Sommer zur Kühlung und als Schutz vor Parasiten am besten eine Kurzhaarfrisur verpassen.

ZUSATZWISSEN

Fellwechsel
Im Frühjahr bekommen Meerschweinchen ein dünnes Sommerfell, im Herbst dagegen das dickere Winterfell. Das können Sie vor allem dann beobachten, wenn Ihre Tiere in dieser Zeit in einem Freigehege leben. Bei der Wohnungshaltung mit konstanten Zimmertemperaturen ist der Fellwechsel nicht so deutlich zu sehen. Die Tiere verlieren das ganze Jahr über Haare. Auch trächtige Weibchen verlieren während der Schwangerschaft und Säugezeit vor allem Haare im Bauch- und Brustbereich. Entfernen Sie abgestorbene Haare mit einer weichen Bürste. Diese Massage mögen viele Meeris.

Wo und wie Sie richtig Hand anlegen

Wichtige Kontroll- und Pflegemaßnahmen durch den Menschen empfinden die kleinen Kerlchen nicht immer als angenehm. Doch mit etwas Fingerspitzengefühl bleibt der Stress gering. So machen Sie es richtig.

Zahnkontrolle

Die regelmäßige Zahnkontrolle ist bei Meerschweinchen wichtig, denn sind die Zähne nicht in Ordnung, führt das in der Regel zu großen Problemen bei der Futteraufnahme. Bei einem gesunden Gebiss stehen die Schneidezähne senkrecht und sind vorne gleichmäßig abgeschliffen. Die Backenzähne sind frei von scharfen Kanten und Spitzen, die dem Tier große Schmerzen bereiten können.

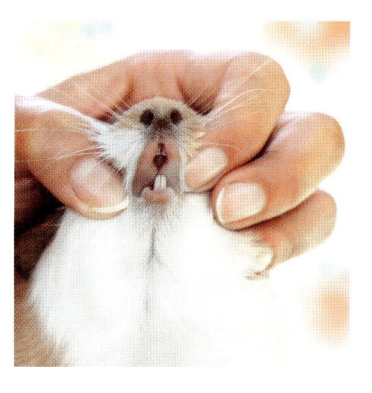

Wiegen

Einmal wöchentlich ist Wiegen auf der Küchenwaage angesagt. Nimmt das Schweinchen über zwei bis drei Wochen kontinuierlich ab, kann dies unter anderem auf ein Zahnproblem hinweisen, das es beim Fressen und Schlucken behindert. Zögern Sie in diesem Fall nicht, mit dem Meerschweinchen sofort einen Tierarzt aufzusuchen.

Krallen schneiden

Wenn sich die Krallen nicht abnützen können, werden sie zu lang und behindern das Tier beim Laufen. Sie müssen gekürzt werden. Der Tierarzt zeigt Ihnen, wie man die Krallen fachmännisch schneidet. Fürs Schneiden am besten eine Krallenzange aus dem Zoofachhandel verwenden. Halten Sie die Pfote des Tieres gegen eine Lichtquelle. So können Sie genau sehen, wo die Blutgefäße in der Kralle verlaufen. Um die Gefäße nicht zu verletzten, schneiden Sie die Kralle oberhalb des Gefäßes ab.

Kämmen und Bürsten

Besonders langhaarige Meerschweinchen brauchen bei der Fellpflege unbedingt unsere Unterstützung, denn sie können ihr Fell nicht alleine in Schuss halten. Verfilzte Stellen sind jedoch ein Paradies für Parasiten. Aber auch kurzhaarige Meeris genießen eine wohltuende Bürstenmassage mit einer weichen Naturhaarbürste.

Kuschelklima

Ein angewärmtes Handtuch als Unterlage mögen Meerschweinchen. Bei Pflegemaßnahmen legen Sie sich das Handtuch am besten auf den Schoß und setzen den kleinen Nager darauf. Das beruhigt.

Kleines ABC der häufigsten Krankheiten

Krankheiten sind oft auf Ernährungs- und Haltungsfehler zurückzuführen. Gesunde Nahrung, genügend Bewegung, abwechslungsreiche Beschäftigung und ein sauberes Zuhause beugen Krankheiten vor.

Meerschweinchen sind körperlich robuste Tiere, die bei guter Haltung selten krank werden. Der erklärte Schwachpunkt der kleinen Nager ist ihre Stressanfälligkeit. Schon der Besuch beim Tierarzt versetzt sie in Angst und Schrecken. Trotzdem ist schnelle Hilfe vom Tierarzt nötig, wenn sich eine Krankheit ankündigt, denn Meerschweinchen haben wie alle Kleintiere eine hohe Stoffwechselrate, und Krankheitserreger können sich schnell ausbreiten. Selbst leichte Infektionen sind dann oft lebensgefährlich. Zögern Sie also nicht mit dem Gang zum Tierarzt.

Hinweis: Beim ersten Anzeichen einer Krankheit sollten Sie den kleinen Patienten in einen Einzelkäfig umsetzen. Das verhindert die Ansteckung der anderen Meerschweinchen und erleichtert die Beobachtung. Es gibt auch die Empfehlung, ein Tier nicht vom Rudel oder Partner zu trennen, weil es zu sehr darunter leiden würde. Diese Meinung teile ich nicht. Zunächst muss der Tierarzt abklären, um welche Krankheit es sich handelt. Und es ist die Frage, ob einem kranken Tier die Ruhe in einem separaten Käfig nicht zuträglicher ist als die vorübergehende Trennung von den gesunden Artgenossen.

TIPP

Der richtige Tierarzt
Er sollte Spezialist für Kleintiere sein. Adresslisten finden Sie im Internet (→ Adressen, Seite 141). Fragen Sie auch andere Meerschweinchen-Halter oder informieren Sie sich im Tierheim, ob man Ihnen einen Kleintier-Spezialisten empfehlen kann.

HAUTERKRANKUNGEN

Häufig sind es Parasiten, die den Meerschweinchen arg zusetzen können. Sogenannte **Ektoparasiten** befallen die Haut. Aber auch Stoffwechselstörungen der inneren Organe oder auch sogenannte **Endoparasiten**, die im Organismus leben, können die Ursache von Hauterkrankungen sein. Die häufigsten Ektoparasiten sind Milben, Flöhe, Haarlinge und Pilze.

Hauterkrankungen

Milben, Flöhe und Haarlinge

Milben sind zum Teil gefährliche Zeitgenossen für Meerschweinchen. Sie gehören zu den Spinnentieren und können sich wie etwa die **Grabmilbe** (Räudemilbe) in die Haut bohren. Das Meerschweinchen versucht sich durch Kratzen zu wehren. Leider meist vergeblich. Die Haut bildet Schuppen und verkrustete Kratzwunden. Nicht ganz so gefährlich ist die **Pelzmilbe**. Sie klammert sich an die Haare und lebt von den Hautpartikeln. Man findet sie vor allem an den hinteren Rückenpartien und an den Außenseiten der Oberschenkel. **Herbstgrasmilben** sind – besonders im Herbst – auf Graswiesen zu finden. Ihre Larven siedeln sich besonders gern an weniger behaarten Stellen an und sind mit der Lupe als gelbliche Pünktchen zu erkennen. Die Mundwerkzeuge der Insekten verursachen kleine Hautverletzungen, die zu eitrigen Entzündungen führen können. **Flöhe** sind leicht an ihren schwarzen Kotkrümeln nachzuweisen. **Haarlinge** sind flügellose Mini-Insekten, die sich von Hautschuppen und Haaren ernähren. Ein Befall ist entweder an den Eiern (Nissen), die wie weiße »Würmchen« aussehen, zu erkennen oder aber an den Insekten selbst. Sie verursachen zum Beispiel Haarausfall und schorfige, blutige Stellen auf der Haut. Sie können das Meerschweinchen tödlich schwächen. Parasitenbefall deutet häufig auf eine verminderte Immunabwehr hin.
Mögliche Ursachen: Überprüfen Sie die Haltungsbedingungen. Zum Beispiel eine falsche Gruppenzusammensetzung, ein zu kleiner Käfig, verschmutztes Futter oder eine falsche Ernährung schwächen das Immunsystem des Meerschweinchens und machen es anfällig für Parasiten.

KRANKHEITS-CHECK

Beobachten Sie Ihre Tiere jeden Tag aufmerksam. Folgende Anzeichen können auf eine Krankheit hindeuten:

- ☐ Das Meerschweinchen hockt apathisch in einer Gehegeecke oder im Häuschen.
- ☐ Es frisst und trinkt deutlich weniger als normal.
- ☐ Es hat in den letzten 2 bis 3 Wochen deutlich an Gewicht verloren.
- ☐ Das Tier niest häufig, es atmet flach, die Flanken beben.
- ☐ Es kratzt sich auffallend häufig, hat Haarausfall oder Kahlstellen im Fell.
- ☐ Es hat anhaltende Verdauungsprobleme mit Durchfall.
- ☐ Das Meeri setzt keine Kotbällchen ab, oder die Bällchen sind unregelmäßig geformt.
- ☐ Seine Körpertemperatur ist erhöht (→ Fieber messen, Seite 114).
- ☐ Das Meerschweinchen hat ständig Ausfluss aus Augen und/oder Nase.
- ☐ Beim Streicheln ertasten Sie Verdickungen unter der Haut.
- ☐ Die Umgebung des Mäulchens ist stets feucht, hat kahle Stellen oder ist verschorft.
- ☐ Das Tier kratzt sich häufig am Kopf und hält ihn schief.

Ein wahres Prachtschweinchen: gepflegtes Fell, blanke Augen und stets an allem Neuen interessiert.

und kleinste Verletzungen ziehen die Fliegen magisch an. Sie legen ihre Eier in der Wunde oder in der verschmutzten Afterregion ab. Die Fliegeneier entwickeln sich innerhalb von Stunden zu Maden, die sich in die Haut des Meeris bohren und es buchstäblich von innen auffressen. Sorgen Sie deshalb für Sauberkeit im Meeri-Heim und untersuchen Sie die Tiere am besten täglich. Entfernen Sie Fliegeneier oder Maden sofort und stellen Sie das befallene Schweinchen umgehend dem Tierarzt vor.

HAUTPILZE

Kreisrunder Haarausfall mit erhabenen, schuppigen, geröteten oder verschorften Stellen deuten auf einen Befall mit Hautpilzen hin, die einen starken Juckreiz auslösen. Eine Pilzinfektion kann von Tier zu Tier, aber auch vom Tier zum Menschen und umgekehrt übertragen werden. Pilzsporen sind sehr widerstandsfähig. Daher müssen auch Käfig, Gehege und Ausstattungsgegenstände gründlich desinfiziert werden.
Mögliche Ursachen: Begünstigende Faktoren sind mangelnde Hygiene in Käfig und Gehege sowie eine schlechte Ernährung, die das Immunsystem schwächen. Auch Stress kann ein Grund sein.
Behandlung: Eine Laboruntersuchung von Hautschuppen, Krusten und Haaren zeigt dem Tierarzt, ob es sich um eine Pilzinfektion handelt, und er kann bestimmen, um welchen Pilz es dabei geht. Davon ist die weitere Behandlung abhängig.
Achtung: Tragen Sie im Umgang mit einem pilzbefallenen Tier unbedingt Handschuhe und waschen Sie sich anschließend gründlich die Hände.

Behandlung: Gehen Sie sofort zum Tierarzt. Ein starker Parasitenbefall setzt ein Meerschweinchen unter starken Stress und kann zu seinem Tod führen.

Fliegenmaden

Während der warmen Jahreszeit können die Larven verschiedener Fliegenarten das Leben Ihrer Meerschweinchen bedrohen. Betroffen sind vor allem Tiere im Außengehege, aber auch Wohnungsmeerschweinchen. Unsaubere Unterkünfte, kotverschmierte, nässende Afterregionen

ERKRANKUNGEN DER OHREN

Pilze, Milben, aber auch Bakterien können den äußeren Gehörgang befallen. Der Gehörgang ist gerötet. Oft befindet sich braunes oder schwarzes Sekret darin. Es kommt zu Entzündungen. Das Meerschweinchen ist unruhig, schüttelt häufig den Kopf, versucht sich zu kratzen und hält eventuell den Kopf schief. Besonders zu schaffen macht den kleinen Nagern eine **Mittelohrentzündung**. Sie wird meist durch Bakterien hervorgerufen. Das Tier ist apathisch, frisst nicht und hat Fieber.
Behandlung: Nur durch den Tierarzt.

AUGENERKRANKUNGEN

Sie kommen bei Meerschweinchen relativ selten vor. **Entzündungen** der Bindehäute, Augenlider, Lidränder und Tränendrüsen können auftreten, denn sie sind relativ ungeschützt. Obwohl Meerschweinchen große Augen haben, besitzen sie keine Nickhaut wie viele andere Tiere, die das Auge vor Schmutz- und Staubpartikeln schützt. Eine akute **Bindehautentzündung** äußert sich in einer starken Rötung und Schwellung der Bindehäute und Absonderung von dickflüssiger Tränenflüssigkeit.
Mögliche Ursachen: Zugluft, Fremdkörper im Auge, Parasiten, aber auch Allergene wie Blütenstaub.
Behandlung: Nur durch den Tierarzt.

LIPPENGRIND

Die Mundwinkel und Lippen des Meerschweinchens sind gerötet und verschorft. Lippengrind entsteht durch eine Resistenzschwäche der Haut. Mikroverletzungen verursachen Risse in der Haut, in denen sich Bakterien und Pilze ansiedeln. Lippengrind wird vor allem durch eine falsche Ernährung unterstützt. Das Futter enthält zu wenig ungesättigte Fettsäuren, Vitamin A und C.
Behandlung: Stellen Sie das Meerschweinchen dem Tierarzt vor und versorgen Sie das Tier mit vitaminreichem Frischfutter.

BALLENENTZÜNDUNG

Das Meerschweinchen belastet seine Füße nicht gleichmäßig. Es vermeidet, mit den entzündeten Ballen aufzutreten. In besonders schweren Fällen können die Sohlenballen bluten und eitern. Die Behandlung von Ballenentzündungen erweist sich meist als sehr langwierig.
Mögliche Ursachen: Leberverfettung und ein Mangel an ungesättigten Fettsäuren können dafür verantwortlich sein. Kalte, feuchte Böden sowie Bewegungsmangel führen dazu, dass sich die Sohlenballen entzünden. Auffallend ist, dass besonders dicke Tiere häufig daran leiden.
Behandlung: Nur durch den Tierarzt.

> **TIPP**
>
> **Transport zum Tierarzt**
> Bewährt hat sich eine kleine Transportbox aus Plastik (→ Foto, Seite 18). Legen Sie die Box mit einem weichen, hellen Tuch aus. Als Durststiller ein Stück Gurke oder Apfel in die Box geben. Kot und Urin geben dem Tierarzt wichtige Informationen.

GESUND UND GEPFLEGT

Patient Meerschweinchen

Im Krankheitsfall ist es hilfreich, genau zu wissen, wie bei einem Meerschweinchen Fieber gemessen wird und Medikamente verabreicht werden. Je sicherer Sie dabei vorgehen, umso weniger Stress hat der Patient.

Fieber messen

Die normale Körpertemperatur liegt bei den kleinen Nagern zwischen 37,9 bis 39,7 °C. Verwenden Sie ein Digital-Thermometer zum Fiebermessen, um die Werte schnell und präzise ablesen zu können. Reiben Sie die Spitze des Thermometers mit ein wenig Hautcreme ein und schieben Sie sie vorsichtig in den After. Halten Sie das Schweinchen während der Prozedur auf Ihrem Schoß.

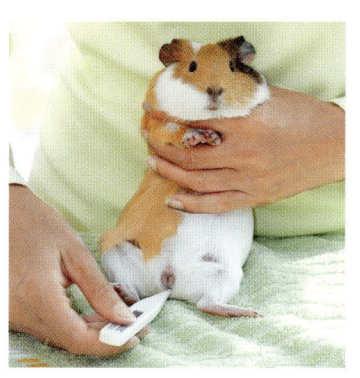

Flüssige Medizin

Sie wird dem Meerschweinchen am besten mithilfe einer Pipette verabreicht. Setzen Sie dazu das Tier auf ein angewärmtes Handtuch auf den Tisch. Fixieren Sie das Schweinchen mit einer Hand so, dass es nicht davonlaufen kann. Spritzen Sie nun die Flüssigkeit mit der anderen Hand langsam seitlich ins Mäulchen.

Öhrchen reinigen

Reinigen Sie lediglich die Ohrmuscheln mit einem angewärmten feuchten Mulltuch. Bemerken Sie schmierige Beläge und Borken im Ohr oder schüttelt das Meerschweinchen häufig den Kopf und versucht sich am Ohr zu kratzen, müssen Sie das Tier dem Tierarzt vorstellen. Er reinigt den Gehörgang fachgerecht, verordnet wirksame Medikamente und gibt Ihnen die entsprechende Anleitung für die Weiterbehandlung des kleinen Patienten bei Ihnen zu Hause.

Augentropfen verabreichen

Ziehen Sie vorsichtig den Bindehautsack nach unten und träufeln Sie die Tropfen direkt dort hinein. Setzen Sie dazu ebenfalls das Meerschweinchen auf ein angewärmtes Handtuch. Die Wärme empfindet das Tier als angenehm, sodass es entspannt ist. So lässt sich der Stress für das Meerschweinchen ein wenig reduzieren.

Verklebte Augen

Reinigen Sie die Augen mit lauwarmem Wasser und einem Mulltuch. Das alte Hausmittel Kamillentee ist für das Auswaschen der Augen nicht zu empfehlen, denn es trocknet die Schleimhäute aus.

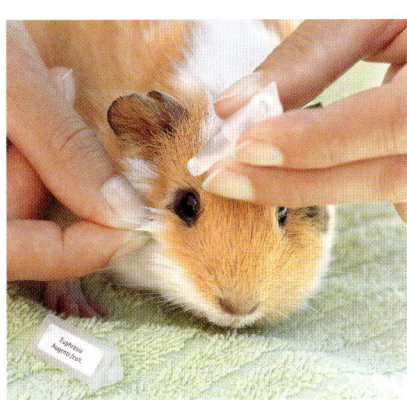

DURCHFALL

Der Kot ist weicher, klebriger und wässriger als normal. Analregion und Hinterbeine sind mit Kot verschmutzt. Das Tier fühlt sich unwohl und hebt auffällig das Hinterteil.
Mögliche Ursachen: Durchfall kann verschiedene Ursachen haben, wie etwa eine Futterumstellung, schädliches oder giftiges Futter, eine Infektion oder auch Darmparasiten.
Behandlung: Bieten Sie dem Tier ab sofort nur gutes Heu und leicht gesüßten Kamillentee an. Ferner ist Knäckebrot geeignet. Ist starker Durchfall nicht innerhalb eines Tages verschwunden, sollten Sie unbedingt einen Tierarzt aufsuchen. Nach Rücksprache mit dem Tierarzt kann das Desinfizieren des Käfigs, des Geheges und der Ausstattungsgegenstände nötig sein.

VERSTOPFUNG

Die Kotbällchen hängen aneinander, sind trocken, sehr klein und verformt. Das Tier hockt angespannt und teilnahmslos in einer Ecke. Es verweigert die Nahrung.
Mögliche Ursachen: Eine Verstopfung kann verschiedene Ursachen haben. Bei langhaarigen Meeris können sich Haarballen im Magen sammeln, sich mit Nahrungsbrei vermischen und so den Weitertransport verhindern. Es entsteht eine Magenüberladung, die auch beim Fressen größerer Futtermengen, etwa nach einer unregelmäßigen Fütterung, auftreten kann. Möglicherweise wurde das Tier hauptsächlich mit Trockenfutter, ohne ausreichendes Wasserangebot, ernährt. Vielleicht ist das Futter zu stärkereich und enthält zu wenig Rohfaseranteile. Auch verschluckte Kunststoffteilchen und zu wenig Bewegung können beim Meerschweinchen zu einer Verstopfung führen.
Behandlung: Bei einer Magenüberladung oder verschluckten Kunststoffteilchen ist keine Zeit zu verlieren. Eine anhaltende Verstopfung kann für den kleinen Nager tödliche Folgen haben. Als Erste-Hilfe-Maßnahme das Tier auf eine warme, nicht zu heiße Wärmflasche setzen (→ Foto, Seite 118) und ihm nach einigen Minuten vorsichtig den Bauch massieren. Dazu zwei Finger sanft zunächst auf einer Bauchseite kreisen lassen, anschließend auf der anderen Seite. Hält die Verstopfung länger als einen Tag an, müssen Sie unbedingt den Tierarzt aufsuchen.

HITZSCHLAG

Die Symptome eines Hitzschlags sind relativ eindeutig. Das Meerschweinchen ist apathisch, liegt auf der Seite und atmet stoßweise. Seine Schleimhäute laufen blau an. Tod durch Hitzschlag ist eine große Gefahr für die kleinen Gesellen und wird von vielen Haltern unterschätzt. Wir können uns die Gefahr nur schwer vorstellen, weil wir mit großer Hitze leicht fertig werden, indem wir schwitzen. Die Verdunstungskälte des Schweißes kühlt unser Blut. Meerschweinchen können aber nicht schwitzen, selbst hecheln wie ein Hund können sie nicht. Also heizt sich das Meerschweinchen auf wie ein kleiner Ofen. Die einzige Möglichkeit, der Hitze zu entgehen, ist die Flucht in den Schatten. Für die Schwergewichtigen unter den Meeris ist das Problem noch größer.

Die Überhitzungsgefahr beginnt bei einer Temperatur von etwa 28 °C und einer Luftfeuchtigkeit von 70 Prozent.
Erste-Hilfe-Maßnahme: Bei Verdacht auf Hitzschlag bringen Sie das Tier sofort in den Schatten. Legen Sie ein kühles, nasses Tuch auf seinen Körper, der Kopf bleibt frei (→ Foto, Seite 118). Flößen Sie dem Meeri frisches Wasser mithilfe einer Pipette oder eines Teelöffels ein (→ Foto, Seite 114). Geben Sie ihm Zeit, sich zu erholen. Es sofort zum Tierarzt zu bringen, ist in diesem Fall nicht sinnvoll, denn das Tier steht unter Schock und würde jetzt einen Transport nicht verkraften.
Vorbeugen: Achten Sie darauf, dass Käfig und Zimmergehege nicht der prallen Sonne ausgesetzt sind. Der Raum muss gut belüftet sein. Ideal ist an heißen Tagen eine Klimaanlage, die die Zimmertemperatur konstant hält. Im Freigehege unbedingt für genügend Schattenplätze sorgen. Aber Achtung! Zum Beispiel unter Markisen oder in sehr kleinen Häuschen im Freigehege kann sich die Hitze stauen. Die Schattenplätze müssen offen und gut belüftet sein. Langhaarige Meerschweinchen sollten in der warmen Jahreszeit eine Kurzhaarfrisur tragen.

ERKÄLTUNGEN

Meerschweinchen erkälten sich im Gegensatz zum Menschen relativ selten. Erkältungssymptome sind Niesen, Nasen- und Augenausfluss, Pfeifengeräusche beim Atmen und Flankenatmung.
Mögliche Ursachen: Zugluft und kalte Steinböden fördern die Erkrankung. Möglicherweise kann sich das Meerschweinchen auch durch seinen Halter, der beispielsweise an einer Grippe leidet, anstecken.
Behandlung: Eine Infrarotbestrahlung hilft bei einer leichter Erkältung und regt Stoffwechsel und Durchblutung an. Die Lampe darf nur eine Käfigseite ausleuchten, damit das Meerschweinchen die Wärmezone jederzeit verlassen kann. Selbstverständlich darf die Lampe nicht zu nahe am Käfig platziert werden, und sie sollte nur handwarm sein, damit keine Überhitzungsgefahr droht. Ist die Erkältung hartnäckig, müssen Sie unbedingt den Tierarzt aufsuchen.

ABSZESSE UND TUMORE

Ertasten Sie bei Ihrem Meerschweinchen Schwellungen etwa im Kopf-, Hals-, Schulter- und Rückenbereich, erschrecken Sie nicht gleich, denn viele Tumore und

Halten Sie Rücksprache mit dem Tierarzt, bevor Sie ein krankes Tier aufpäppeln.

Wärme tut dem kleinen Patienten gut. Er kuschelt sich auf die handwarme Wärmflasche.

Bei einem Hitzschlag hilft das Einpacken mit einem kühlen, nassen Handtuch.

Abszesse sind harmlos, also nicht bösartig. Die Ursache ist häufig unklar und hat nichts mit der Haltung zu tun.
Behandlung: Diagnose und Therapie können nur durch den Tierarzt geschehen. Er wird meist eine chirurgische Entfernung bei dem narkotisierten Tier vorschlagen.

DIE KASTRATION

Meerschweinchen sind sehr fruchtbar. Immer noch werden viele Meerschweinchen aus privater Haltung ausgesetzt, in Tierheime oder Notaufnahmen abgeschoben. Der einzige zuverlässige Weg, um diese schlimmen Zustände zu ändern, ist die Kastration. Bei der Kastration entfernt der Tierarzt die Hoden des Männchens. Da beim Weibchen der Eingriff – die Entfernung der Eierstöcke – weitaus risikoreicher ist, entschließt man sich am besten zur Kastration des Männchens. Es wird mit dem Eingriff zeugungsunfähig. Natürlich hat die Kastration Veränderungen des Homonhaushalts zur Folge: Das Tier wird ruhiger, sein Markierungsdrang lässt nach, es verträgt sich besser mit gleichgeschlechtlichen Tieren, und es entwickelt keine sexuellen Aktivitäten mehr. Von Tierärzten empfohlen wird heute die **Frühkastration** mit etwa 4 Wochen, die Kastration vor dem Einsetzen der Geschlechtsreife. Unmittelbar nach der Frühkastration kann das Böckchen wieder mit seinen Artgenossen zusammen sein. Bei einer späteren Kastration muss das Männchen für etwa 6 Wochen in »Einzelhaft«, weil es noch zeugungsfähig ist.

MEERSCHWEINCHEN-SENIOREN

Erste Altersanzeichen beim Meerschweinchen sind ein stumpfes Fell, ein wenig Haarausfall, und es gibt weniger Laute von sich. Es gluckst, purrt und quietscht weniger. Die kleinen Vierbeiner werden nun auch anfälliger gegen Flöhe und Milben. **Das Immunsystem** ist durch die hormonelle Umstellung nicht mehr so schlagkräftig gegen Krankheitserreger. Die Krankheiten häufen sich. Achten Sie jetzt auf eine besonders vitamin- und mineralreiche Kost (→ ab Seite 82). Ansonsten behalten Sie den Speiseplan bei. Obwohl ältere Meerschweinchen ruhiger werden und ein Nickerchen in der Sonne lieben, haben sie **keine Nachteile in der Gruppe**. Sie werden weder vom Futterplatz verdrängt noch aus dem Rudel ausgestoßen. Alt und Jung vertragen sich gut.

Im Kopf sind die Senioren noch erstaunlich fit. In unseren Tests lernten auch alte Tiere noch **Neues** und hatten Aufgaben, die sie ein Jahr zuvor gelernt hatten, nicht vergessen. Die häufige Frage nach der **Lebensdauer** von Meerschweinchen ist schwer zu beantworten, denn die Altersangaben in der Literatur schwanken stark. Im Schnitt werden sie zwischen 6 und 8 Jahre alt. Der Altersrekord liegt bei 15 Jahren. Die großen Altersunterschiede lassen sich im Wesentlichen auf die Lebensbedingungen der Tiere zurückführen. Eine falsche Haltung verkürzt ihr Leben drastisch, denn Meerschweinchen sind sehr stressanfällig. Ein langes **Seniorenalter** gibt es in der Tierwelt nicht, denn Omas und Opas haben dort – im Gegensatz zu uns Menschen – keine Aufgaben, wie etwa bei der Aufzucht der Kinder zu helfen und wichtige Traditionen weiterzugeben. Doch ein Trost bleibt: Die Alterungsprozesse setzen bei den Nagern spät ein, verlaufen rasch, und der Tod scheint schmerzfrei zu sein.

Wenn der Tod kommt

Nach meinen Beobachtungen gibt es keinen Todeskampf. Das Sterben sieht leicht und friedlich aus und dauert nur wenige Minuten. Die meisten meiner Tiere fraßen an ihrem Todestag weniger, bewegten sich kaum, einige verließen ihr Häuschen nicht. Bei den anderen konnte ich genau sehen, wie sie starben. Sie legten sich auf die Seite – so wie sie es auch beim Schlafen tun. In dieser Position verharrten sie dösend und schwer atmend. Plötzlich zuckte der Körper mehrere Male, und der kleine Vierbeiner war tot. Die Rudelgenossen reagierten nicht auf den toten Artgenossen. Ich habe den Verdacht, dass sie das tote Rudelmitglied nicht mehr als eines der ihren ansehen. Leidet ein Schweinchen an einer schmerzhaften Erkrankung, sollten Sie es vom Tierarzt erlösen lassen.

Eltern-TIPP

Umgang mit dem Tod
Der Verlust ihres Tieres ist für Kinder ein Schock. Erklären Sie Ihrem Kind, dass Tiere keine Vorstellung vom Tod haben und daher auch keine Angst. Häufig wünschen sich Kinder für ihr Tier einen würdevollen letzten Weg. Sie möchten ihr Tier beerdigen. Nehmen Sie diesen Wunsch ernst. Es ist erlaubt, ein Meerschweinchen im Garten auf der Wiese, unter einem Baum oder Strauch zu begraben.

GESUND UND GEPFLEGT

Eine gut sortierte Hausapotheke

Fencheltee
Er kann bei Verdauungsproblemen hilfreich sein.

Einwegspritze, Wattestäbchen, Pinzette
Die Einwegspritze ohne Nadel hilft beim Eingeben flüssiger Medizin, Wattestäbchen zum Autragen von Salben, Pinzette zum Entfernen von Fremdkörpern.

Notfalltropfen
Rescue Remedy heißt die Bachblütenmischung. Sie bietet Erste Hilfe bei Unfällen und Schockerlebnissen.

Euphrasia-Augentropfen
Sie helfen bei geröteten, gereizten Augen.

5

Schere und Verbandmull
Sie gehören grundsätzlich in die Hausapotheke.

Traumeel-Salbe
Sie eignet sich gut zum Behandeln von Verletzungen.

Schüßler-Salze
Es gibt 12 verschiedene Mineralsalze. Zum Beispiel Nr. 7 (Magnesium) stärkt Muskeln und Nerven, Nr. 11 (Silicea) sorgt für ein schönes Fell.

Globuli
Zum Beispiel *Calendula* enthält den Wirkstoff der Ringelblume und wird bei Verletzungen der Haut eingesetzt. *Bellis perennis* enthält den Wirkstoff des Gänseblümchens und wird bei Prellungen und Quetschungen verwendet.

6

IMMER IN AKTION

Ein spannendes Umfeld und Aufgaben, die herausfordern – das hält Ihre Meerschweinchen körperlich und geistig fit. Sie werden sich wundern, was alles in Ihren kleinen Vierbeinern steckt, wenn Sie ihre Talente fördern und sich ausgiebig mit ihnen beschäftigen. Von Haus aus langweilige Meerschweinchen gibt es nicht!

Aufgaben für arbeitslose Meerschweinchen

Die Vorstellung, sein Leben auf kleinstem Raum und ohne Beschäftigung verbringen zu müssen, ist schrecklich. Körper und Geist verkümmern, die Psyche leidet. Geben Sie Ihren Tieren die Möglichkeit, sich zu entfalten.

Vorsicht und Scheu bestimmen das Leben eines Meerschweinchens. Die Natur diktiert ihm, immer auf der Hut zu sein, um nicht gefressen zu werden. Das brachte die kleinen Nager in den Verruf, dumm und kaum lernfähig zu sein. Doch wer ihr Vertrauen gewinnt und ihnen stressfreie Lebensbedingungen bietet, der macht andere Erfahrungen. Sie werden überrascht sein, zu welchen Lernleistungen Ihre Meerschweinchen fähig sind.

BESCHÄFTIGUNG »VERSÜSST« DEN GRAUEN ALLTAG

Das Leben eines Meerschweinchens in der Natur ist mit dem Leben in der Obhut des Menschen nicht zu vergleichen. Beim Menschen gibt es keine Feinde, und die ewige Suche nach Nahrung entfällt. Was bleibt, ist viel Zeit. Einzeln gehaltene Meerschweinchen wissen damit nichts anzufangen und langweilen sich buchstäblich zu Tode. In der Gruppe lebende Tiere haben es da schon besser. Sie können immerhin mit ihrem oder ihren Partnern kommunizieren. Aber das reicht bei Weitem noch nicht aus.

Als Ersatz für die Natur müssen Hausmeerschweinchen beschäftigt werden. Langeweile ist bei den kleinen Kerlchen nicht leicht zu diagnostizieren, weil sie sich selten die Haare ausreißen oder die Gitterstäbe des Käfigs benagen. Sie verfallen vielmehr in Teilnahmslosigkeit. Mit viel Liebe kann man einem Meeri sogar **kleine Kunststücke** beibringen. Es wird mit Eifer bei der Sache sein, denn die Kleinen lernen gern. Manche Menschen empfinden dies als Dressur, die keinem Geschöpf zugemutet werden sollte. Aber das Gegenteil ist der Fall, sofern die Tiere zu nichts gezwungen werden. Im Tierreich gehört Lernen zum Überleben. Bei Meerschweinchen hat man festgestellt, dass ihre **Nervenzellen** im Gehirn wesentlich mehr Verknüpfungen aufbauen, wenn sie in einer spannenden Umwelt leben. Die Nervenzellen sind quasi die »Hardware«. Die Art und die Häufigkeit der Verknüpfungen der Nervenzellen untereinander stellt die »Software« dar – die Verschaltungen im Gehirn werden komplexer und damit effizienter. Das Fördern und Fordern der Tiere trägt zu ihrem Wohlbefinden bei.

Lernen nur mit Belohnung

Dieses clevere Schweinchen hatte den Dreh gleich raus. Erst mal ins Seil beißen, dann kräftig ziehen, und schon öffnet sich das Schlaraffenland mit den leckeren Häppchen.

LERNEN NUR MIT BELOHNUNG

Meeris lernen in einem Alter von neun bis zehn Monaten am schnellsten. Aber ohne Belohnung findet kein Lernen statt. Die putzigen Gesellen sind mit gesunden Belohnungshäppchen, etwa einem Karottenstück, leicht zu verführen. Dosieren Sie die Leckerbissen. Geben Sie am Anfang wenig und steigern Sie dann die Menge.

So erhöht sich der Lernerfolg. In ihrer gewohnten Umgebung lernen die Meerschweinchen leichter. Und alles geht wie von selbst, wenn die Duftnote stimmt. Reiben Sie sich daher vor jeder Übung die Hände mit benutzter Einstreu ein. So sind Sie einer von ihnen. Achten Sie auf die Geräuschkulisse. Ungewohnter Lärm versetzt die Tiere in Angst. Selbstverständlich darf kein Tier bestraft werden.

Da duftet doch etwas Verführerisches unter den Holzkugeln. Ein Schubs mit dem Kopf, und die Leckerei liegt frei.

WER RUFT DENN DA?

Kann ein Meerschweinchen menschliche Stimmen unterscheiden? Wir haben es getestet – ganz einfach und unwissenschaftlich. Vier Personen riefen meine kleine Bande. Bei mir kamen sie sofort angerannt und holten sich die Karotte. Zu meinem Freund kamen sie etwas später. Zu meinen beiden Kindern – die längst aus dem Haus sind – kamen sie gar nicht. Die Stimme meiner Frau erkannten sie sofort. Wir testeten dies noch an anderen Gruppen mit ihren jeweiligen Besitzern – immer mit dem gleichen Ergebnis. Meerschweinchen können also Töne unterscheiden. Dieses Ergebnis deckt sich auch mit den Beobachtungen vieler Meerschweinchenhalter – etwa, dass ihre Tiere vor Freude quieken, wenn das bekannte Auto vorfährt. Ich habe meinen kleinen Gesellen ein **kleines Kunststück** beigebracht: Meine Meerschweinchen laufen bei einem tiefen Ton in die rechte Ecke des Geheges und bei einem helleren in die linke. Wie macht man das? Ganz einfach. Wenn das Meerschweinchen beim tiefen Ton nach rechts läuft, bekommt es ein kleines Karottenstück. Irrt es sich, bekommt es nichts. Nach einigen Fehlversuchen hat es die Aufgabe gelernt.

HÖRT ES AUF SEINEN NAMEN?

Probieren Sie selbst aus, ob Ihre Meerschweinchen auf ihren Namen hören. Setzen Sie Ihren kleinen Schüler vor sich auf den Boden, zeigen Sie ihm die Belohnung, etwa ein Stück Gurke in Ihrer Hand, und rufen Sie ihn beim Namen. Ein zahmes Tier wird dieser Versuchung kaum widerstehen. Wiederholen Sie die Aktion mehrmals und machen Sie schließlich die Nagelprobe ohne Karotte. Rufen Sie nur den Namen. Freudig kommt das Meerschweinchen angetrabt. Aber das ist noch kein Grund zum Jubeln. Denn man weiß noch nicht, ob es die Laute oder den Namen gelernt hat. Gegen das Erkennen des Namens spricht, dass gleich die ganze Truppe angerannt kommt, wenn man einen von ihnen beim Namen ruft. Ab und zu hatte ich zwar den Eindruck, dass der Gerufene schneller reagierte, aber wissenschaftlich sauber getestet habe ich es nicht.

Wie intelligent sind die kleinen Schweinchen?

Auch in der Meerschweinchen-Gesellschaft gibt es Tiere mit unterschiedlichen Begabungen. Bei unseren Versuchen gab es Tiere, die eine Aufgabe nur schwer begriffen, und andere, die sie mit links lösten.

Kürzlich hörte ich von einer netten Begebenheit: Meerschweinchen Edgar lag in seinem Häuschen, nur sein Kopf schaute heraus. Vor ihm stand eine Schale mit saftigem Gemüse. Offenbar hatte Edgar aber nur Appetit auf das Gurkenstück, das auf der anderen Seite der Schale lag, und keine Lust aufzustehen. Der kleine Faulpelz nahm kurzhand den Rand der Schale ins Mäulchen und drehte sie so lange, bis das Gurkenstück direkt vor seiner Nase landete. Ganz schön clever!

WIE MEERIS LERNEN

Wer lernfähig ist, kann sich veränderten Lebens- und Umweltbedingungen anpassen. Er lebt besser und länger. Schon von Geburt an müssen Meerschweinchen die Spielregeln des Rudels lernen. Nur wenn sie diese beherrschen, werden sie akzeptiert und können sich in der Gemeinschaft behaupten. Ein Meerschweinchen ist jedoch nicht nur in der Lage, Dinge zu lernen, die sein Überleben sichern, sondern es beweist auch intelligentes Verhalten uns Menschen gegenüber. Es lernt zum Beispiel, sich uns gegenüber verständlich zu machen, etwa wenn es hungrig ist. Man kann einem Meerschweinchen kleine Kunststücke beibringen, und es entwickelt eigene »Problemlösungen«, wie das Beispiel Edgar und seine Gurkengelüste zeigt. Meerschweinchenhalter können sicher viele Beispiele von ihren kleinen schlauen Hausgenossen erzählen.

Durch den Einsatz von Pfoten und Kopf öffnet sich die Klappe ins Futterparadies.

TRAININGS-CHECK

Und hier einige hilfreiche Tipps für ein erfolgreiches Training.

- ☐ Üben Sie immer mit einem Einzeltier. Die Gruppe lenkt es zu sehr ab.
- ☐ In der vertrauten Umgebung lernt es sich leichter.
- ☐ Die Geräuschkulisse sollte so sein wie immer. Es darf nicht »totenstill« sein.
- ☐ Beachten Sie den Tagesrhythmus des Tieres. In den Ruhephasen lernt es schlecht oder gar nicht.
- ☐ Das Tier darf nicht zu hungrig, aber auch nicht zu satt sein.
- ☐ Das Training darf höchstens 10 bis 15 Minuten dauern, es sei denn, das Meerschweinchen sucht schon früher das Weite.
- ☐ Strafen in jeder Form sind tabu.

Intelligenz ist relativ

Mit einem pauschalen Urteil zur Intelligenz von Tieren sollte man immer vorsichtig sein. Denn wie wir Menschen haben sie ihre Stärken auf unterschiedlichen Gebieten. Das habe ich in zahlreichen Lernversuchen, die ich mit meinen Meerschweinchen machte, feststellen können. So lernten einige meiner Meerschweinchen zum Beispiel schnell, eine bestimmte Taste zu drücken. Andere wiederum entpuppten sich als wahre Meister im Labyrinth und verloren in verzwicktesten Irrgärten nie die Orientierung. Erstaunlicherweise lösten meine kastrierten Männchen manche Probleme am leichtesten. Und natürlich gibt es auch unter Meerschweinchen besondere Schlaumeier und weniger Pfiffige.

MEISTER DES LABYRINTHS

Meerschweinchen haben einen außerordentlich guten Orientierungssinn. Sie lernen zum Beispiel schnell, sich in Gängen zurechtzufinden. Wenn Sie gern selbst forschen, dann machen Sie folgenden Versuch, den mein Team und ich durchführten: Wir bauten aus Brettern ein y-förmiges Gangsystem. Es kann auch aus Backsteinen gebaut werden. Die beiden Gänge, also die beiden Schenkel des Y, unterschieden sich. Ein Gang war mit schwarzem Papier beklebt, der andere mit weißem. Die Aufgabe des Meerschweinchens bestand darin, sich am Ende des hellen Ganges eine Belohnung abzuholen. Nach vier bis fünf Versuchen hatte das Tier gelernt, dass es Futter nur im hellen Gang gibt. Kein Problem, auch dann nicht, wenn die Gänge vertauscht wurden. Eine kleine Geschichte zu unserem Versuch zeigt, wie clever Meerschweinchen sein können. Ein Kandidat wählte den dunklen Gang und bemerkte seinen Irrtum erst auf halber Wegstrecke. Kurzerhand sprang er über die Wand in den anderen Gang und holte sich seine Belohnung. Sie können das Gangsystem auch zu einem Labyrinth erweitern. Meerschweinchen finden sich leicht darin zurecht (→ Die Landkarte im Kopf, Seite 136).

Die richtige Taste drücken

Gar nicht so einfach, an die Trockengemüse-Häppchen in der Rolle zu kommen.

Dazu muss die Rolle mithilfe von Pfötchen und Kopf gedreht werden.

FORMEN ERKENNEN

Sind Meerschweinchen in der Lage, Kreise, Dreiecke und Rechtecke zu erkennen und zu unterscheiden? Machen Sie den Test: Malen oder kleben Sie auf drei Futternäpfe jeweils einen Kreis, ein Rechteck und ein Dreieck. Nur in einem befindet sich Futter, beispielsweise im Napf mit dem Kreissymbol. Tauschen Sie während des Tests die Reihenfolge der Näpfe. Sie werden sehen, dass Ihr Meerschweinchen schnell heraus hat, wo es seine Belohnung findet.

DIE RICHTIGE TASTE DRÜCKEN

Mein Team und ich wollten das Farbensehen von Meerschweinchen testen. Dazu verwendeten wir ein kleines Spielzeug-Keybord aus dem Spielwarengeschäft. Und wie bringt man Meerschweinchen bei, eine Taste zu drücken? Man legt ein Stück Karotte auf die Taste, das Tier nähert sich flugs der Taste und drückt sie zufällig herunter. Das wiederholt man ein paar Mal. Nun wird aus dem Zufall Absicht. Man legt keine Karotte mehr auf die Taste, sondern wartet so lange, bis das Tier ungeduldig die Taste drückt. In dem Moment gibt man ihm die Karotte. Nach ein paar Mal hat das Meerschweinchen den Zusammenhang zwischen Taste-Drücken und Futterbelohnung begriffen. Wir waren erstaunt, wie schnell dies bei Meerschweinchen geschieht. Sie waren nicht langsamer als die als intelligent geltenden Ratten. Auch ihr Gedächtnis beeindruckte uns stark. Selbst nach mehr als einem Jahr wussten die Tiere noch, wie man die Tasten bedient und Versuchsschalter drückt, um das Gewünschte zu bekommen. Belohnung für gewünschtes Verhalten ist übrigens auch das Prinzip des Clickertrainings (→ Seite 137).

IMMER IN AKTION

Spielzeug, das fordert und fördert

Spielschnur aus Sisal
Verschiedene Holzelemente und Sisalkugel laden zum Knabbern ein.

Strohscheibe
Sie ist mit Löwenzahnblüten gespickt, die herausgeangelt werden müssen.

Futterrollen
Sie bestehen aus Luffa, einem Kürbisgewächs, das unbedenklich beknabbert werden kann. Hier wurden sie mit Getreideähren gefüllt.

Futterangel
Mit ihr bringen Sie Ihre Meeris auf Trab.

Holzhantel
Zum Rollen und Herumtragen. Als Anreiz dient ein Löwenzahnblatt.

Tannenzapfen
Mit kleinen Leckerbissen gespickt, fördern sie die Geschicklichkeit.

Sisalbälle
Gefüllt mit Rosenblüten, sorgen sie für ein besonderes Geschmacks- und Dufterlebnis.

Weidentunnel
Gefüllt mit Heu und gespickt mit allerlei Trockengemüse, sorgt er für stundenlange Beschäftigung.

Wer futtern will, muss arbeiten

Hausmeerschweinchen müssen sich nicht um ihr »tägliches Brot« kümmern. Sie bekommen es von uns serviert. Doch was tun die kleinen Nager mit all der Freizeit? Ab sofort muss ein Teil des Futters erarbeitet werden!

Unsere Wohlstandsmeerschweinchen sind nicht selten zu dick. Das kommt nicht von ungefähr. Wer zu viel isst und sich zu wenig bewegt, legt Fettpölsterchen an. Da geht es den kleinen Nagern nicht anders als uns. Auch Langeweile verführt zum Futtern. Verbinden Sie deshalb das Füttern mit **Fitnessübungen** für Ihre Meerschweinchen, auf dass sie kleine Kraftpakete ohne Fettposter bleiben oder werden. Die Idee, die Tiere auf Futtersuche zu schicken wie in der Natur, stammt aus der Zootierhaltung. Der englische Begriff *enrichment* (= Bereicherung) ist der Fachausdruck für Beschäftigungsprogramme von Zootieren. Da bekommt der Eisbär den Fisch nicht einfach vor die Nase gelegt, sondern dieser ist in einen Eiswürfel eingefroren, der erst geknackt werden muss. Oder die leckeren Happen für den Affen sind in einem Säckchen verschlossen, das er öffnen muss. Das sorgt einerseits für Beschäftigung und eine ausgeglichene Psyche und andererseits für körperliche Fitness durch Bewegung. Hier einige Anregungen, wie Sie Ihre Meerschweinchen auf Trab bringen und ihnen gleichzeitig leckeres Futter bieten.

SICH REGEN BRINGT SEGEN

Wie wäre es zum Beispiel mit einer **Futterkette**. Fädeln Sie dazu knackige Gemüse- und saftige Obststücke auf einen naturfarbenen Bastfaden. Befestigen Sie die Kette so im Gehegegitter, dass sich Ihre vierbeinigen Lieblinge danach recken und strecken müssen. Im Zoofachhandel gibt es sogenannte **Futterkugeln** (→ Foto, Seite 69). Sie werden mit Frischfutter bestückt und aufgehängt. Es sind einige Fitnessübungen nötig, um an das begehrte Futter zu kommen. Verteilen Sie Leckerbissen wie etwa Möhren- oder Gurkenstückchen an verschiedenen Stellen im Gehege und schicken Sie Ihre Meeris auf **Futtersuche**. Legen Sie einige Häppchen auch erhöht, beispielsweise auf eine Brücke oder auf einen stabilen Karton. Auch sogenannte **Futterrollen und -bälle** sorgen für viel Bewegung. Im Zoofachhandel gibt es verschiedene Modelle, wie etwa den beliebten Snackball, der eine verstellbare Öffnung hat (→ Foto, Seite 11). Er kann zum Beispiel mit Trockengemüsestückchen gefüllt werden. Rollt das Meerschweinchen den Ball mit der Schnauze

Die »Snack Roll« aus dem Fachhandel sorgt für Bewegung und Belohnung in einem.

Es darf geknabbert werden. Toller Nebeneffekt: In der Socke bleibt das Heu sauber.

durchs Zimmer, fallen die Gemüsestückchen heraus. Auf dem Foto oben sehen Sie die »Snack Roll«, eigentlich ein Katzenspielzeug, das aber auch bei Meerschweinchen Anklang findet. Eine **Baumwollsocke** wird zum Trimmgerät. Schneiden Sie ein Loch in die Fußspitze und füllen Sie die Socke mit Heu. Hängen Sie die Socke so hoch auf, dass Ihr kleiner Nager sich ausgiebig hochrecken muss. Getrocknete **Tannenzapfen** sorgen für Beschäftigung, wenn die Zwischenräume mit Blüten, Trockengemüse oder Blättchen bestückt sind. Trocknen Sie die Zapfen bei etwa 150 Grad eine Stunde im Backofen. Hängen Sie **gebündelte Zweige** oder ein **Sträußchen Grünfutter** mit einem naturfarbenen Bastfaden ans Gehegegitter. Bieten Sie den kleinen Gesellen eine **Buddelkiste** an. Befüllen Sie sie mit frischen Blättern und Blüten oder trockenem Laub. Es macht Spaß, ihnen zuzusehen, wenn sie neugierig darin wühlen. Auch eine **Futterangel** ist schnell gebastelt (→ Seite 131). Mit verlockenden »Ködern« wie Gemüse und Obst bestückt, können Sie mit der Angel kleine Faulpelze animieren, auf die Jagd zu gehen.

Aus Liebe zum Tier: Kreative Bastelideen

Wer gern bastelt, kann seinen Meerschweinchen viel Freude bereiten. Hier einige Bastelvorschläge – von einfach bis anspruchsvoll. Setzen Sie sie in die Tat um, ist Abwechslung im Schweinchen-Alltag garantiert.

Beschäftigung wird im Leben von Meerschweinchen, die bei uns Menschen leben, großgeschrieben. Im Zoofachhandel gibt es reichlich Angebote für die Unterhaltung der kleinen Nager. Doch Gutes muss nicht teuer sein. Schon eine einfache Papprolle kann für die quirligen Kerlchen zu einem aufregenden Erlebnis werden.

GANZ EINFACH

Papprollen von Toiletten- oder Küchenpapier sind altbewährt. Stechen Sie mit einer spitzen Schere einige »Geruchslöcher« in die Rolle. Füllen Sie etwas Trockengemüse, Sonnenblumenkerne oder Erbsenflocken ein. Verschließen Sie die Rolle auf beiden Seiten mit Heu. Die Tiere müssen nun die Leckerbissen »auspacken«, indem sie das Heu futtern oder die Halme herausziehen. Ein **Obst- und Gemüsespieß auf Rollen** ist eine kleine Herausforderung, denn er bewegt sich. Nehmen Sie einen Schaschlikspieß aus Holz und brechen Sie die Spitze ab. Stecken Sie Obst und Gemüsestücke auf den Spieß. Die Räder können etwa aus einer dicken Möhre geschnitten werden, aus Zucchini, Apfel- oder Gurkenscheiben bestehen (→ Foto, Seite 69). Eine **Spielzeugkette aus Naturmaterialien** kann herumgeschleppt und beknabbert werden. Holz- und Sisalkugeln finden Sie in Dekoläden (→ Foto rechts unten). **Häuschen aus stabilem Karton** mit angebauter Terrasse, um aufs Dach beziehungsweise hinunterzukommen, stehen hoch im Kurs. Dach und Terrasse werden

Häuschen mit Dachterrasse. Von hier oben hat man einen prima Ausblick.

mit Teppichresten rutschfest. Schneiden Sie zwei sich gegenüberliegende Eingänge in den Unterschlupf. Das kommt dem Wesen des Fluchttiers Meerschweinchen entgegen. Aus einem Teppichrest kann eine herrliche **Relaxing-Oase** entstehen, wie das Foto rechts zeigt. Die Einfachausführung einer **Wippe** sieht folgendermaßen aus: Legen Sie ein etwa 8 bis 10 cm breites und 15 cm langes Brettchen über einen Stein oder Ast (Durchmesser etwa 4 cm). Die kleinen Kerle balancieren geschickt und mit Begeisterung auf der Wippe (→ Foto, Seite 137). Wenn Sie gern modellieren, finden Sie im Bastelgeschäft zum Beispiel abgepackten Ton in Weiß oder Braun. Daraus lassen sich **Näpfe und Höhlen formen** (→ Foto, Seite 89). Der Ton wird entweder an der Luft getrocknet oder im Backofen bei etwa 250 Grad gebrannt.

ANSPRUCHSVOLLE BASTELEIEN

Hierbei ist handwerkliche Geschicklichkeit gefragt. **Ein Fitnessparcours** sorgt für Bewegung. Dazu ein etwa 70 cm langes Brett als Bodenplatte verwenden. 4 Aststücke, etwa 4 cm dick und 24 cm hoch, werden in einem Abstand von 14 cm auf der Bodenplatte verschraubt. Locken Sie die Meeris mit einem Löwenzahnblatt oder etwas Petersilie durch den Parcours. Ein **Labyrinth aus Beetrollis** für das Außengehege ist schnell gebaut. Im Zentrum gibt es etwas Leckeres zu fressen. Doch bis dahin führt so manche falsche Fährte in eine Sackgasse. Labyrinthe können Sie für das Innengehege auch aus Papprollen oder dünnen Sperrholzplatten gestalten (→ Foto, Seite 136).

Foto oben: Sehen, aber nicht gesehen werden. Hier kann man toll entspannen.
Foto unten: Die Spielzeugkette wird gern auf Bissfestigkeit geprüft.

IMMER IN AKTION

Auf Entdeckertour: Lernen mit Spaßeffekt

Die Landkarte im Kopf
Meerschweinchen bewegen sich im Gegensatz zu Ratten und Mäusen in der Natur selten in dunklen Gangsystemen. Ihr bevorzugter Lebensraum sind Grasflächen mit Mulden und dichten, langen Gräsern. Dennoch finden sie in künstlichen Labyrinthen sehr schnell den Ausgang. Zum Spaß ließen wir einmal 10 Ratten gegen 10 Meerschweinchen antreten. Das Ergebnis war überraschend. Die Ratten hatten keinen Heimvorteil. Es gab ebenso schnelle Meerschweinchen wie Ratten.

Geschicklichkeit will gelernt sein
Treppen hinauf- und hinuntersteigen gehört sicher nicht in das natürliche Verhaltensrepertoire eines Meerschweinchens. Aber wie wir lieben sie Herausforderungen und Neues. Daher ist es ein Kinderspiel, ihnen das Treppensteigen beizubringen. Sie werden sich wundern, mit welcher Geschwindigkeit die kleinen Gesellen treppauf und treppab rennen und wie viel Spaß sie dabei haben. Ein Leckerli ist hierfür ein guter Motivationsschub. Heimtiere wie Meerschweinchen brauchen viel Beschäftigung, denn Langeweile ist Gift für ihre Psyche.

Auf Entdeckertour

Wenn sich der Untergrund bewegt

Eine Wippe ist für viele Tiere eine Herausforderung, weil sie das physikalische Prinzip, das dahintersteckt, nicht verstehen. Mit Geduld, Einfühlungsvermögen und der richtigen Belohnung nimmt man ihnen die Scheu. Nach 5 bis 8 Anläufen rennen sie ohne Probleme über die Wippe.

Eltern-TIPP

Einfühlungsvermögen

Wenn Kinder erfahren, wie man Tieren etwas liebevoll und geduldig beibringt, ist dies ein großer Gewinn für das Kind. Mitgefühl und Empathie sind nämlich nicht in den Genen verankert, sondern werden erlernt. Zeigen Sie Ihrem Kind, wie es dem Meerschweinchen Schritt für Schritt kleine Kunststücke beibringen kann. Lassen Sie Ihr Kind erleben, wie wichtig die richtige Belohnung für das Tier ist.

Clickertraining

Diese erfolgreiche Lernmethode ist zurzeit groß in Mode. Wie funktioniert das Clickern? Man hält zum Beispiel – wie hier einen Stock (Target Stick) – vor das Tier und wartet, bis es sich ihm zufällig nähert und ihn beriecht. Im gleichen Moment schnalzt man mit der Zunge oder drückt auf den Clicker (aus dem Zoofachhandel). Das Tier verbindet im Kopf die Annäherung mit dem Geräusch – und wird dafür belohnt.

Register

Die **halbfett** gesetzten Seitenzahlen verweisen auf Abbildungen. UK = Umschlagklappen

A
Abgabealter 29
Abszesse 117
Alpaka Cuy 37, **37**
Alter 8, 119
 – Abgabe- 29
 – beim Kauf 17
Altersanzeichen 118
American Crested 39, **39**
Anfassen 55
Angora Cuy 37, **37**
Artgenossen 10, 16, **23**
Atemprobleme 116, 117
Augen 29
 -erkrankungen 113
 -kontrolle 106
 –, Verklebte **115**
Augentropfen verabreichen 115
Auslaufgehege **64**, **66**, 70 76,
Außengehege 76, 78
Ausstattung 13, **13**, 67, **77**, **79**
Auswahl 50

B
Backenzähne 8
Bad, medizinisches 107
Baden 107
Balkon 72, **73**
 -sicherung 73
Ballenentzündung 113
Balztanz 26
Bastelideen **134**, **134**, **135**, **136**
Beißereien 24, 43, 49, 50
Beschäftigung 13, **68/69**, 124, **130/131**
Bindehautentzündung 113
Blickfeld 29

Blinddarmkot 85
Bürsten 107

C
Cavia aparea 22
CH-Teddy 38, **38**
Clickertraining **137**
Cobayos 25
Cuy 24, 37, **37**

D
Dalmatiner-Meerschweinchen 38, **38**
Darm 85
Deckakt 26, **56**
Dickes Meerschweinchen 59
Domestikation 24
Drohen 46
Duftsprache 49
Duftstoffe 31, 49
Durchfall 116

E
Eingewöhnung 18, 52–55, **53**
Einklemmen 71
Einrichtung
 – des Auslaufgeheges 71
 – des Käfigs 65, 67
Einschläfern 119
Eiweiß, pflanzliches 87
Ektoparasiten 110
Elektrokabel 71
Elterntiere 26
Endoparasiten 110
English Crested 39, **39**
Entwicklung der Jungen 27, 28, 31, **34**
Erkältung 117
Erkrankungen der Ohren 113
Erkundungsverhalten 47, 75
Ernährung 84
Erstarren 46
Etagenkäfig 65

F
Farbensehen 30, **32**
Fell
 -pflege 107
 –, Verklebtes 106
 -wechsel 107
Fertigfutter 98
Fette 88
Fieber messen **114**
Fiepen 48
Fliegenmaden 112
Flöhe 111
Fortpflanzung 27
Freigehege
 – einrichten 71, 72, 76, 79
 –, Festes 78
 -größe 76
 –, Mobiles 76
 – selbst bauen 78
 – sichern 73, 76, 78
 –, Standort des 76
Frühkastration 118
Futter 84
 – erarbeiten **101**, 132, **133**
 –, Fertig- 98
 -menge 101
 -portion 86
 -raufe 67, **85**
 -regeln 100
 –, Saft- **87**, **90/91**, 92, **94**
 – sammeln 93
 -spiele 132
 -tabelle 99
 -umstellung 95
 –, Winter- 94
Fütterungszeit 101

G
Gähnen 48, **57**
Geburt 27
Geburtsgewicht 27
Gefahren 71
Gehegestruktur 71

Gemüse 95
Geruch, vertrauter 18
Geschicklichkeit 96, **136**
Geschlechtsbestimmung 16, **16**
Geschlechtsreife 16, 28
Gesunde Leckerbissen **90**, 98
Gesundheits-Check 17
Gewicht 8
 –, Geburts- 27
 –, Über- 60
Gewichtskontrolle 101, **108**
Gewichtsprobleme 59
Glatthaar-Meerschweinchen 39, **39**
Grabmilben 111

H
Haarausfall, kreisrunder 112
Haarlinge 111
Handaufzucht 52
Harnspritzen 46
Hausapotheke **120/121**
Häuschen 64, 65, 67
Hauterkrankungen 110
Hautpilze 112
Heimat 22
Heimtiere, andere 11
Herbstgrasmilben 111
Herz 44
Heu 86
Hitzschlag 116, **118**
Hochheben 19, **19**
Hören 30
Hund und Meerschweinchen 11, **11**

I/J
Immunsystem 119
Imponieren 44, **56**
Intelligenz 127
 -spielzeug **125**, **126**, **127**
Inzucht 26
Jacobsonsches Organ 30

K
Käfig
 -einrichtung 65, 67
 -einstreu 67
 –, Etagen- 65
 -gitter 65
 -größe 64
 -standort 66
Kämmen 107, **108**
Kaninchen und Meerschweinchen 11, **11**
Kastration 16, 118
 –, Früh- 118
Kaudalorgan 49
Kinder und Meerschweinchen 8, 14, 22, 33, 54, 57, 60, 97, 119, 137
Klettern 96
Klimawechsel 72, 78
Knabberkost **85**, **93**, 94, 99
Kohlenhydrate 88
Kopulation 26, **56**
Körper
 -gewicht 8, 27, 60
 -pflege **104**, 105
 -sprache 46, 47
 -temperatur 8
Kosten 13
Krallen 106
 – abwetzen 65
 – schneiden 106, **109**
Krankheiten 110
Krankheitsanzeichen 111
Kräuter 95
 – trocknen 98

L
Lärm 30
Lautsprache 48
Lebenserwartung 8, 119
Lebensraum 22
Lebensweise 22
Leckerbissen, gesunde **90/91**, 97, 98
Lernen 45, 125
Letalfaktor 26
Lieblingsfarbe 70
Lippengrind 113
Lunkarya-Meerschweinchen 37, **37**

M
Magen 85
Männchengruppe 50
Medikamente verabreichen **114**
Meerschweinchen, altes 118
Meerschweinchen, dickes 101
Meerschweinchen-Verleih 59
Milben 111
Mineralien 88
Missbildungen 26
Mittelohrentzündung 113

N
Nachwuchs 26, **27**
Nahrung 84
Nase 31
Nasenkontrolle 106
Neugierde **10**

O
Obst 95, 97
Ohren 30
 -erkrankungen 113
 -kontrolle 106
 – reinigen **115**
Orientierungsvermögen 74, **74**, 128, 136

P
Paarbindung 45
Paarung 26, **56**
Paarungsritual 26
Parasiten 110
Pärchenhaltung 50

Pelzmilben 111
Perianaldrüse 49
Peruaner-Meerschweinchen 36, **36**
Pflanzen
 –, Giftige 71
 –, Wild- 92
Pflanzenfresser 84
Pflegemaßnahmen 104, **UK** hinten
Phoberomys pattersoni 25
Pilzinfektion 112
Probleme bei der Haltung 58
Purren 48

Q
Quieken 48
Quietschen 48

R
Rangordnung 43
Rassemerkmale 35
Rassen 36, **36**, 37, **37**, 38, **38**, 39, **39**
Rassestandard 35
Räudemilbe 111
Reinigungsarbeiten 80
Reise 14
Revier 23, 44
Riechen 31, 33, 74, **74**, 96
Riesen-Meerschweinchen 25
Rosetten-Meerschweinchen 37, **37**
Rudelmitglieder erkennen 23
Rumba 26, 48

S
Saftfutter **87**, 92
Salat 95
Säugen 28
Scheues Meerschweinchen 58
Schlafhäuschen 64, 65, 67
Schlafplatz 64, 65, 67, 76, 79

Schmecken 31
Schreckstarre 24, 46
Schutzhütte 76, 79
Schwangerschaft 27
 – feststellen 28
Sehen 29
 –, Räumliches 29
Sheltie-Meerschweinchen 36, **36**
Sich putzen **104**, 105
Sinnesleistungen 29
Sonnenschutz 73, 78
Sozialstruktur 23
Sozialverhalten 23, 24
Standort 66
Sterben 119
Stimmen erkennen 126
Stress 43
 -hormone 43, 44
Stubenreinheit 70

T
Tagesrhythmus **UK** vorne
Tasthaare 34
Tierarzt 110
Tierheim-Meerschweinchen 17
Tod 119
 – des Partners 59
Trächtigkeit 27
 – feststellen 28
Tragen 19, **19**
Tragzeit 27
Trainingsregeln 128
Trampelpfade 75
Transport 18
 -box **18**, 18, 19, **19**
 – im Auto 18
 – zum Tierarzt 113
Träumen 32
Trennwände 70
Treteln 46
Trinken **89**, 100
Trockenfutter 98
Tumore 117

U
Überängstlichkeit 60
Übergewicht 59
Überlebensstrategie 42
Übersprungverhalten 106
Überwintern im Freien 76, 78
Urlaub 14
US-Teddy 38, **38**

V
Verbreitung 22
Verhalten, nächtliches 67
Verstecke **42**, **44**, **45**, **50**, **58**
Verstopfung 116, **118**
Vertrauen aufbauen 52, **53**, 54, **55**
Vitamin-C-Versorgung 94
Vitamine 89

W
Wasser 100
 -spender 67
Weibchengruppe 50
Wiegen 101
Wildmeerschweinchen 22, **24**, 42, 84
Wildpflanzen 92
Winterfutter 94
Wissenschaftlicher Name 22

Z
Zähmen 52, **53**, 54, **55**
Zähne 8
 -klappern 46
Zahnkontrolle 106, **108**
Zahnprobleme 106
Zimmergehege **64**, **66**, 70
Zucht 26
 –, Gemäßigte 35
 -reife 26
Zugluft 77
Zunge **33**, 34

Adressen und Literatur

Verbände/Vereine

Meerschweinchenfreunde Deutschland, Bundesverband Deutschland e. V. (MFDBD),
PF 250 222,
68085 Mannheim,
www.meerschweinchenfreunde.de

Verein Deutscher Meerschweinchenzüchter e. V.,
Andreas Müh (1. Vorsitzender), Am Dyck 55,
47179 Duisburg,
www.meerschweinchen.de

Vereinigung der Schweizer Meerschweinchenfreunde,
Heidi Hanelmann, Peterweg 8a, CH–8305 Dietlikon, www.meerschweinchenfreunde.ch,
E-Mail: info@meerschweinchenfreunde.ch

Verein der Meerschweinchenfreunde in Österreich e. V.,
Oberzellergasse 1/17/9,
A–1030 Wien, Meeri-Infoline: 0043/699/19717273, www.meerschweinchenverein.at

Bundesarbeitsgruppe Kleinsäuger e. V,
Binzer Str. 11, 04207 Leipzig,
www.bag-kleinsaeuger.de
(nur Fragen zur Haltung!)

Rassezuchtverband Österreichischer Kleintierzüchter (RÖK), Geschäftsstelle:
Günther Wimmer,
Unterlochnerstr. 17B,
A–5230 Mattighofen,
www.kleintierzucht-roek.at

Norddeutscher Meerschweinchen- und Kleinnagerverein e. V. (NMKV), Richard Olschewski, Siedlerweg 32,
38459 Bahrdorf,
www.nmkvev.de

Fragen zur Haltung beantworten auch:

Ihr Zoofachhändler und der Zentralverband Zoologischer Fachbetriebe Deutschlands e. V. (ZZF),
Tel.: 0611/44755332
(nur telefonische Auskunft möglich: Mo 12-16 Uhr,
Do 8-12 Uhr), www.zzf.de

Deutscher Tierschutzbund e. V., Baumschulallee 15,
53115 Bonn,
www.tierschutzbund.de

Schweizer Tierschutz (STS),
Dornacherstr. 101,
CH–4018 Basel,
Beratungsstelle
Tel.: 0041/61/3659999,
www.tierschutz.com

Hier erhalten Sie die Adressen von Tierarztpraxen, die mit Naturheilverfahren arbeiten:

Bundestierärztekammer e. V.,
Französische Str. 53,
10117 Berlin, www.bundestieraerztekammer.de

Kooperation deutscher Tierheilpraktikerverbände e. V.,
Geschäftsstelle:
Dietenhauserstr. 9,
83623 Lochen,
www.kooperation-thp.de

Gesellschaft für ganzheitliche Tiermedizin e. V. (GGTM),
Mooswaldstr. 7,
79227 Schallstadt,
Tel.: 0049/7664 403638 10,
www.ggtm.de,
E-Mail: info@ggtm.de

Empfehlenswerte Internetadressen

Rund um die Haltung von Meerschweinchen:

**www.meerschwein.de
www.meerschweinchen.com
www.meerschweinchenhilfe.de
www.meerschweinchensite.de
www.meerschweinchenratgeber.de
www.meerschweinchen.in
www.nagerstation.ch**

Hier finden Sie viele Ideen für Eigenbau-Gehege und empfehlenswerte Gehege zum Kaufen:

**www.tierische-eigenheime.de.tl
www.kleintierstaelle.ch**

ZUM NACHSCHLAGEN

Informationen über Pflanzen, die für Kleinsäuger giftig sind, finden Sie unter:
www.giftpflanzen.de
www.botanicus.de

Bücher

Birmelin, I: **Meerschweinchen – So fühlen sie sich rundum wohl.** Gräfe und Unzer Verlag, München

Beer, R.: **Stress und Life-History weiblicher Hausmeerschweinchen in instabiler sozialer Umwelt.** Books on Demand GmbH

Gabrisch, K.: **Krankheiten der Heimtiere.** Schlütersche Verlagsanstalt, Hannover

Hamel, I.: **Das Meerschweinchen als Patient.** Enke-Verlag, Stuttgart

Morgenegg, R.: **Artgerechte Haltung – ein Grundrecht auch für Meerschweinchen.** Kaufmann, tb-Verlag, Lahr

Sachser, N.: **Sozialphysiologische Untersuchungen an Hausmeerschweinchen.** Paul Parey Verlag, Stuttgart

Sachser, N./Künzel, Chr. und Kaiser, S.: **The Welfare of Laboratory Guinea Pigs.** Kluver Academic Publishers, Dordrecht

Schmidt, E.: **Meerschweinchen – Wohlfühl-Heime gestalten.** Gräfe und Unzer Verlag, München

Stahnke, A. und Hendrichs, H.: Meerschweinchenartige, in: **Grzimeks Enzyklopädie der Säugetiere.** Kindler Verlag, München

Zeitschriften

Rodentia. Natur und Tier-Verlag GmbH, Münster, www.ms-verlag.de,

Ein Herz für Tiere. Ein Herz für Tiere Media GmbH, Ismaning, www.herz-fuer-tiere.de

Dank

Mein Dank gilt Prof. Norbert Sachser und Prof. Sylvia Kaiser, die einen wesentlichen Beitrag zum Verständnis der Meerschweinchen geleistet haben. Die Anwendung ihrer verhaltensphysiologischen Untersuchungen tragen in der Praxis zum Wohlbefinden der kleinen Nager bei.
Mein besonderer Dank gilt meiner Lektorin Gabriele Linke-Grün für ihre tatkräftige Unterstützung und viele gute Ideen. Danke!

Verlag und Fotografin danken: TRIXIE Heimtierbedarf, Tarp; Kleintierzucht Ute Börner, Eisenach; Melanie Janisch »Meerschweinchen und Cuys von-der-Graburg«, Weißenborn, und Esther und Mario Schmidt, Nesselröden, für die wertvolle Unterstützung und Begleitung unseres Buchprojektes.

Wichtige Hinweise

Stromunfälle: Um lebensgefährliche Stromunfälle zu vermeiden, achten Sie darauf, dass Ihre Meerschweinchen keine elektrischen Leitungen benagen.
Allergie: Menschen mit einer Tierhaar-Allergie sollten vor der Anschaffung von Meerschweinchen unbedingt den Tierarzt befragen.
Ansteckungsgefahr: Einige wenige Krankheiten sind auf den Menschen übertragbar (→ Hautpilze, Seite 112). Weisen Sie den Arzt auf Ihren Tierkontakt hin.